Michael Kresse
Markus Bause

ITIL® V3 ALLES WAS MAN WISSEN MUSS

SERVIEW
Vorsprung erleben

Co-Autoren:

Katrin Alt

Gerd Cardinale

Thomas Engelmann

Ulrich Göbbels

Michael Heyn

Oliver Imm

Timo König

Jens Krüger

Francesco Manfredi

Dirk Rosenow

Hilmar Stock

Dr. Gisela Böndgen

Heiko Diekelmann

Johannes Fauth

Robert Häckl

Björn Hinrichs

Peter Kleinau

Hans-Jürgen Kresse

Roland Ludwig

Bernd Papachrissanthou

Torsten Schneider

Michael Weber

ISBN 978-3-9810977-8-8
© Copyright SERVIEW, 2011
1. Auflage Januar 2011

IMPRESSUM
Medieninhaber, Herausgeber und Verleger: SERVIEW GmbH, Gartenstr. 23,
61352 Bad Homburg v.d.H., Deutschland, Tel.: +49(0)61 72/177 44-0,
info@serview.de, www.serview.de
Konzeption und Gestaltung: SERVIEW GmbH
Druck: ABT Print und Medien GmbH

INHALTS-VERZEICHNIS

VORWORT

Es ist wie mit einem guten Wein: Er muss die notwendige Zeit zum Reifen bekommen. Seit über 25 Jahren gibt es die IT Infrastructure Library, kurz ITIL®, um den IT Organisationen Anregungen und Ideen für ihre Geschäftsausrichtung an die Hand zu geben. Die Version 1 von ITIL® war im deutschsprachigen Raum nur Wenigen ein Begriff. Erst mit der Version 2 entstieg ITIL® dem Winterschlaf und wurde zu dem De-facto-Standard für IT Service Management. Vor gut drei Jahren dann brach ITIL® erneut zur Reise auf, um weiter erwachsen zu werden. ITIL® der Version 3 entstand.

Im Frühsommer 2007 wurde diese mit Spannung erwartete Version veröffentlicht. Man kann mit Recht behaupten: ITIL® ist erwachsen geworden. Auf mehr als 1.500 Seiten beschreibt ITIL® Version 3 in der originalen englischen Ausgabe Best Practices für eine kundenorientierte IT-Organisation. Für dieses Buch haben wir uns als Ziel gesetzt, das Wesentliche aus dieser neuen Sammlung in eine überschaubare Größenordnung zu transportieren, angereichert mit wichtigen Informationen über angrenzende Methoden zur Steuerung und Optimierung der IT.

Beim Lesen des Buches habe ich für mich festgestellt, dass wir unser Ziel erreicht haben. Doch es ist wie mit guten Weinen. Es entscheidet immer noch der persönliche Geschmack über die wirkliche Reife.

Ich wünsche Ihnen viel Spaß beim Lesen,

Ihr Michael Kresse

GRUSSWORT

Die Rahmenbedingungen wirtschaftlichen Handelns sind schon seit jeher einem permanenten Wandel unterlegen. Im Laufe der Geschichte hat sich dieser Wandel mehr oder weniger schnell und mit unterschiedlichen Auswirkungen auf Märkte und Unternehmen vollzogen. In einer Welt globaler Märkte und global agierender Unternehmen ist eine bisher nicht gekannte Dynamik von Veränderungsprozessen festzustellen.

Angesichts dieser Entwicklung hängt das „Überleben" von Unternehmen entscheidend von der Flexibilität zur Anpassung an veränderte Bedingungen ab. Dynamische Märkte erfordern die Fähigkeit, sich mit veränderten – und häufig gänzlich neuen – Geschäftsmodellen und Unternehmensstrategien in einem harten Wettbewerb zu behaupten. Das wiederum hat zur Folge, dass innerhalb der Unternehmen organisatorische Strukturen, vor allem aber Prozesse und Abläufe, verändert oder neu gestaltet werden müssen. Prozessoptimierung und prozessorientierte Unternehmensorganisation sind hier die Schlagworte.

Da interne und selbstverständlich auch unternehmensübergreifende, Prozesse ohne die Unterstützung der Informationstechnologie (IT) nicht mehr denkbar sind, hängt der Erfolg der Einführung und Umsetzung flexibler Geschäftsmodelle auch, und wahrscheinlich entscheidend, von der optimalen Organisation der IT-Prozesse und -Abläufe ab.

ITIL® bietet ein Toolset, dessen konsequente Anwendung nachweisbare Effizienzsteigerungen der IT-Prozesse nach sich zieht und damit die Grundlage für die gewünschte effiziente Unterstützung der Businessprozesse liefert. Die ITIL® Version 2.0 hat sich als anerkannter Standard im IT Markt durchgesetzt. Die jetzt vorliegende ITIL® Version 3 ist die konsequente Weiterentwicklung und Verbesserung des methodischen Ansatzes mit dem Ziel, die IT-Prozesse permanent weiter zu verbessern.

Die SERVIEW GmbH ist exzellent darauf vorbereitet, Unternehmen zu allen Aspekten der ITIL® v3 zu beraten und Mitarbeiter zu ITIL®-Experten auszubilden und zu zertifizieren.

Ihr Dr. Jürgen Kratz
Vorsitzender des Beirats der SERVIEW GmbH

I. KAPITEL

EINFÜHRUNG

1.1 Was ist ITIL®?

ITIL ist eine herstellerunabhängige Sammlung von Best Practices, mit denen es IT Organisationen über einen prozessorientierten skalierbaren Ansatz ermöglicht wird, Effizienzsteigerungen innerhalb ihrer IT-Prozesse zu erzielen und somit ihren Kunden einen gleichbleibenden Service zu liefern.

ITIL steht als Abkürzung für „Information Technology Infrastructure Library". Federführend arbeitet das britische Office of Government Commerce (OGC), das aus der ehemaligen Regierungsstelle Central Computer and Telecommunications Agency (CCTA) hervorgegangen ist, zusammen mit verschiedensten IT Service Management-Instituten und Foren am Ausbau und an der Weiterentwicklung der Bibliothek. Seit den 90er Jahren hat sich ITIL zu einem internationalen De-facto-Standard entwickelt. ITIL war anfangs eine Serie von mehr als 40 Büchern über IT Service Management und bestand aus 26 Modulen. Diese erste große Library bezeichnet man auch als ITIL v1. Im Zuge der ständigen Verbesserung und der Anpassung an die aktuellen Situationen im IT Umfeld wurden zwischen den Jahren 2000 und 2004 die Inhalte von ITIL v1 in einem großen Release modernisiert und in acht wesentlichen Büchern zusammengefasst: ITIL v2. Im Frühsommer 2007 erschien die ITIL-Version 3. Die auffälligste Änderung von ITIL v3 ist die Etablierung einer neuen Struktur.

Diese Struktur besteht aus drei wesentlichen Bereichen:

• ITIL Core (Kernpublikationen)
• ITIL Complementary Guidance (Ergänzungen)
• ITIL Web Support Services

Die Kernpublikationen bilden einen Satz von fünf Büchern, die ein Lifecycle Modell von der Service Strategie bis zur kontinuierlichen Service Verbesserung abbilden. Die hierin enthaltenen Bücher beinhalten die folgenden Titel und Themen:

Core Books in ITIL v3 – Service Lifecycle:

- Service Strategy (Servicestrategie)
- Service Design (Servicekonzeption und -planung)
- Service Transition (Service Implementierung bzw. Einführung)
- Service Operation (operativer Betrieb von Services)
- Continual Service Improvement (kontinuierliche Verbesserung von Services)

1.1.1 Seminar- und Qualifizierungsschema ITIL®

Im Rahmen von ITIL ist aktuell folgendes Seminar- und Qualifizierungsangebot vorhanden:

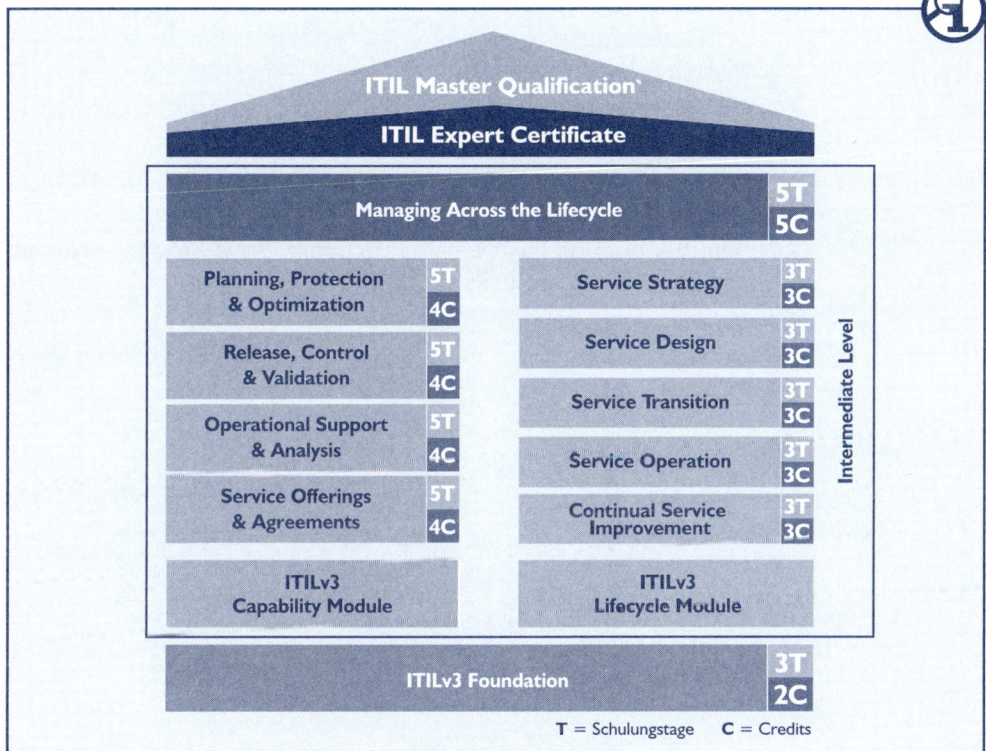

*Die ITIL-Master Qualification ist keine Ausbildung mit Prüfung, sondern kann ausschließlich von ITIL Experts durch den Nachweis von mehrjähriger Praxiserfahrung in der Andwendung von ITIL erlangt werden.

1.1.2 ITIL® v3 Foundation - Der Einstieg

Die Foundation ist der Einstieg in die IT Service Management Schulungslaufbahn. Hier gewinnt man einen Überblick über den Service Lifecycle und seine wichtigsten Elemente. Man lernt die Verknüpfungen zwischen den einzelnen Phasen des Lifecyle, die verwendeten Prozesse und die Vorteile der Service Management Practices kennen. Nach dem Kurs ist man mit der allgemeinen ITIL-Terminologie vertraut.

Nach erfolgreicher Ausbildung und Prüfung hat man Kenntnisse über folgende Themen:

• Service Management as a Practice
• Service Lifecycle
• ITIL-Schlüssel-Prinzipien und -Modelle
•Wesentliche Konzepte
•Wesentliche Prozesse
•Wesentliche Rollen
•Wesentliche Funktionen

Die Foundation ist die unverzichtbare Basis für alle weiteren Qualifikationen im ITIL-Qualifizierungsschema.

1.1.3 ITIL® v3 Intermediate - zwei Streams zur Auswahl

Der Intermediate Level bietet zwei Streams für die Zertifizierung. Jeder Stream beinhaltete eine Reihe von unterschiedlichen Kursen und Zertifikaten.

Service Lifecycle Stream
Der Fokus der Seminare liegt jeweils auf einer in sich abgeschlossenen Lifecycle-Phase. Man lernt die Prozesse, Aktivitäten, Grundprinzipien und kritischen Erfolgsfaktoren sowie die für die Organisation relevanten Aspekte kennen, die für die Steuerung und das Management der jeweiligen Phase notwendig sind. Ziel ist, das notwendige Knowhow aufzubauen, um alle Inhalte einer bestimmten Lifecycle-Phase verstehen und erfolgreich in der Praxis anwenden zu können.

Service Capability Stream
Der Hauptfokus des Seminars liegt auf den Prozessaktivitäten, der Anwendung und dem Gebrauch des Service Lifecycle.

Kombinieren erlaubt
Die Kurse aus den beiden oben genannten Intermediate Streams sind in vier Varianten kombinierbar.
Weitere Informationen zu den Kursen und deren Kombinationsmöglichkeiten findet man auf Seite 14.

Mit Handykamera einscannen

1.1.4 Wie wird man ITIL®-Expert?

Das ITIL v3 Qualifizierungsschema beinhaltet ein Punktesystem. Dies bedeutet, dass man für jeden offiziellen ITIL-Kurs eine bestimmte Anzahl an so genannten Credits (Punkten) erhält. Sobald man 22 Punkte gesammelt hat, wird einem der ITIL Expert-Status verliehen.

Abb. ▶
Die sechs möglichen
Wege zum ITIL®
Expert Status

		ITIL Expert Weg I
	Erzielte Punktzahl	**22**
	Managing across the Lifecycle	5
Capability Module	Planning, Protection & Optimization	
	Service Offerings & Agreements	
	Release, Control & Validation	
	Operational Support & Analysis	
Lifecycle Module	Service Strategy	3
	Service Design	3
	Service Transition	3
	Service Operation	3
	Continual Service Improvement	3
Basis	ITIL Foundation	2

Nicht alle Kurse sind frei miteinander kombinierbar. Im Schaubild sind die sechs möglichen Wege dargestellt.

Mit Handykamera einscannen

ITIL Expert Weg 2	ITIL Expert Weg 3	ITIL Expert Weg 4	ITIL Expert Weg 5	ITIL Expert Weg 6
23	24	25	25	24
5	5	5	5	5
4	4	4		
4	4	4	4	
4		4	4	4
4			4	4
				3
			3	3
	3			
	3	3		
	3	3	3	3
2	2	2	2	2

SERVIEW empfiehlt den Expert-Status über die Lifecycle-Module anzustreben.

Hierfür wurden drei verschiedene Varianten entwickelt. Alle Informationen über die Schulungen und die Inhalte findet man unter www.serview.de

Abb. ▶
ITIL® Ausbildungs-
varianten bei der
SERVIEW
im Vergleich

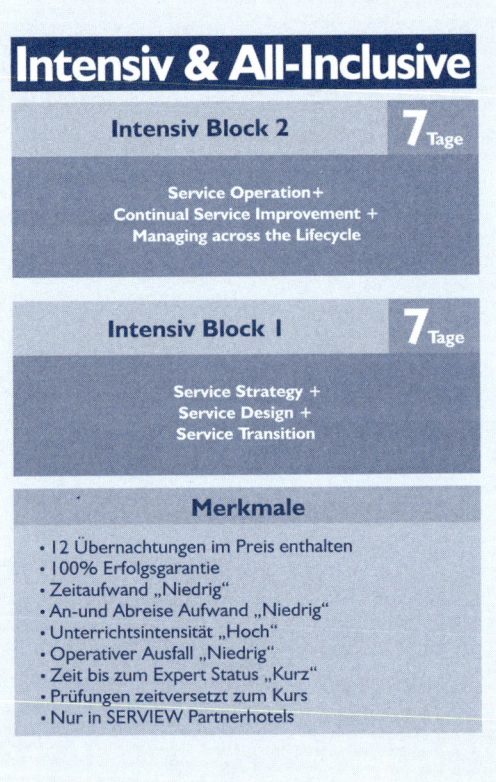

Mit Handykamera
einscannen

Compact

Compact III	**5**Tage
Continual Service Improvement + Managing across the Lifecycle	
Compact II	**5**Tage
Service Transition + Service Operation	
Compact I	**5**Tage
Service Strategy + Service Design	

Merkmale

- 12 Übernachtungen im Preis enthalten
- 100% Erfolgsgarantie
- Zeitaufwand „Mittel"
- An-und Abreise Aufwand „Mittel"
- Unterrichtsintensität „Mittel"
- Operativer Ausfall „Mittel"
- Zeit bis zum Expert Status „Mittel"
- Prüfungen zeitversetzt zum Kurs
- Nur im SERVIEW Education & Event Center

Standard

Managing across the Lifecycle	**5**Tage
Continual Service Improvement	**3**Tage
Service Operation	**3**Tage
Service Transition	**3**Tage
Service Design	**3**Tage
Service Strategy	**3**Tage

Merkmale

- Hotelkosten nicht im Preis enthalten
- Zeitaufwand „Hoch"
- An-und Abreise-Aufwand „Hoch"
- Unterrichtsintensität „Normal"
- Operativer Ausfall „Hoch"
- Zeit bis zum Expert Status „Lang"
- Prüfungen jeweils am Kursende
- Durchführung deutschlandweit

1.1.5 Wie implementiert man erfolgreich
Service Management auf Basis von ITIL®?

Abb. ▶
Vorgehensmodell
zur Einführung von
Service Management
der SERVIEW GmbH

Mit Handykamera
einscannen

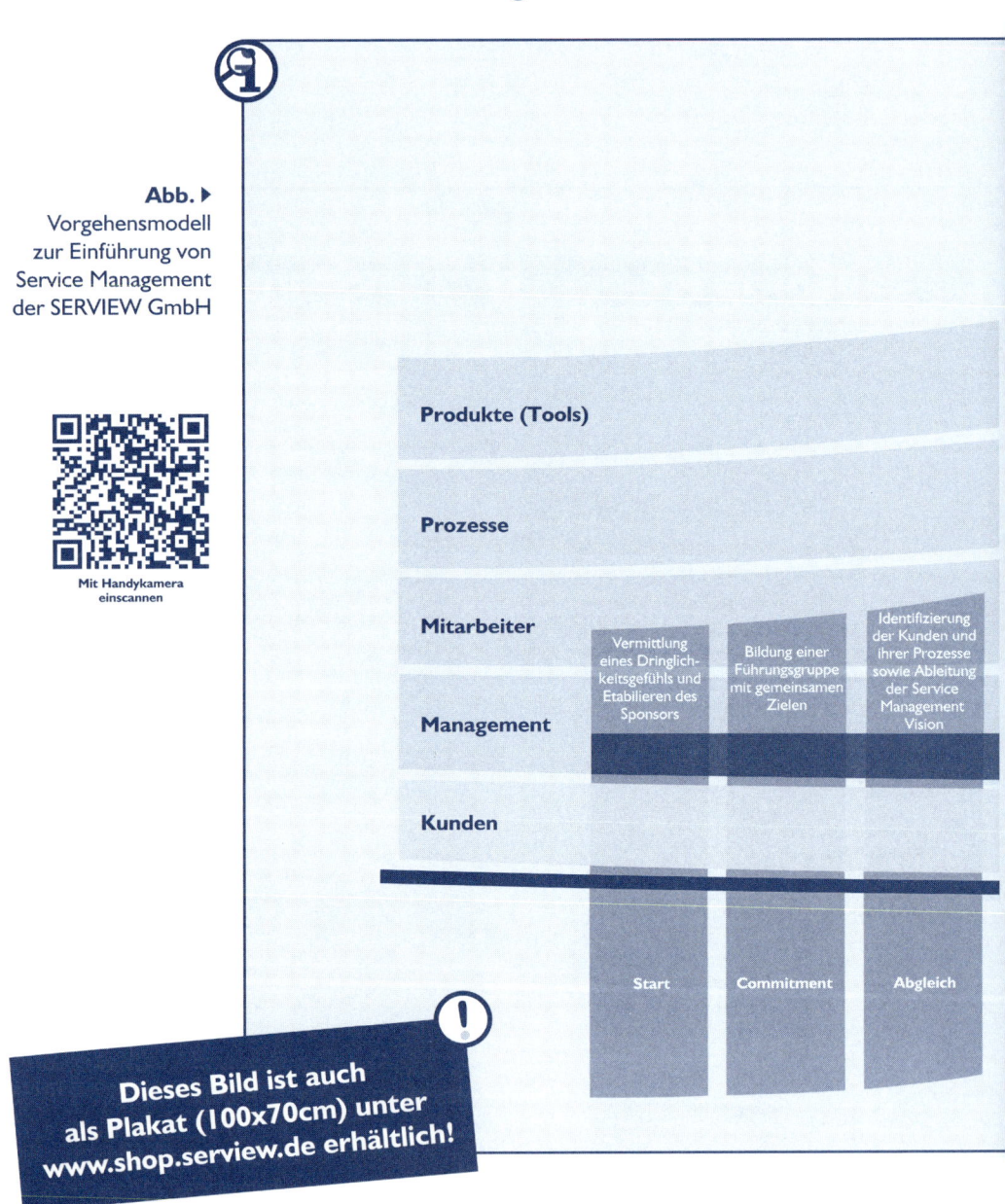

Produkte (Tools)			
Prozesse			
Mitarbeiter			Identifizierung der Kunden und ihrer Prozesse sowie Ableitung der Service Management Vision
Management	Vermittlung eines Dringlich- keitsgefühls und Etablieren des Sponsors	Bildung einer Führungsgruppe mit gemeinsamen Zielen	
Kunden			
	Start	Commitment	Abgleich

Dieses Bild ist auch
als Plakat (100x70cm) unter
www.shop.serview.de erhältlich!

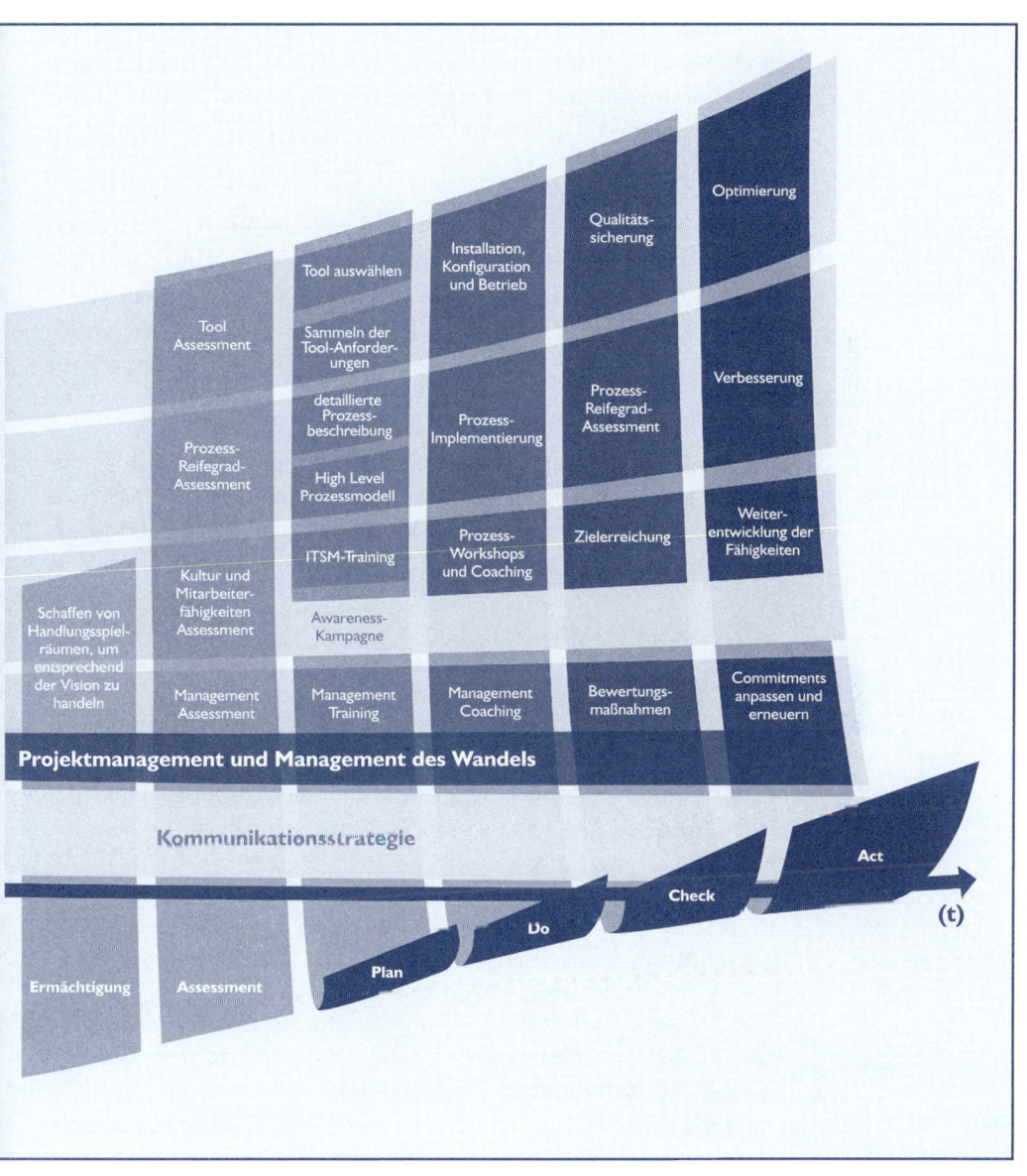

1.2 Was ist ISO/IEC 20000?*

Bereits im November 2000 gab das British Standards Institute (BSI) eine Norm für Service Management in der Informationstechnologie heraus, den BS 15000. Offiziell bekannt gegeben wurde der BS 15000 am 6. November 2000 auf der Konferenz des IT Service Management Forums (itSMF) in Birmingham, England.

BS 15000 wandte sich sowohl an die Anbieter von IT Service Management-Dienstleistungen als auch an die Branchen, die ihre IT Services entweder an externe Dienstleiter vergaben oder selbst steuerten. Der BS 15000 war der erste weltweite Standard, der sich fokussiert auf das IT Service Management bezog.

Im Zuge der Weiterentwicklung und der Verbreitung der Norm in der Europäischen Union wurde der BS 15000 in einem „Fast Tracking"-Verfahren in die ISO/IEC 20000 übergeführt und am 15. Dezember 2005 veröffentlicht.

1.2.1 Was ist die ISO/IEC 20000?

Dieser Standard beschreibt einen integrierten Satz von Managementprozessen für die Lieferung von Dienstleistungen als ganzheitlichen Ansatz zwischen internen und externen Organisationen im Rahmen des IT Service Managements. Die ISO/IEC 20000 ist ausgerichtet an den Prozessbeschreibungen von ITIL und ergänzt diese.

In der ISO/IEC 20000 werden die im folgenden Schaubild dargestellten Prozesse beschrieben.

Die ISO/IEC 20000 dient als messbarer Qualitätsstandard für das IT Service Management. Dazu werden in der ISO/IEC 20000 die notwendigen Prozesse spezifiziert und dargestellt, die eine Organisation etablieren muss, um IT Services in definierter Qualität bereitstellen und managen zu können.

*International Organisation for Standardization / International Electrotechnical Commission

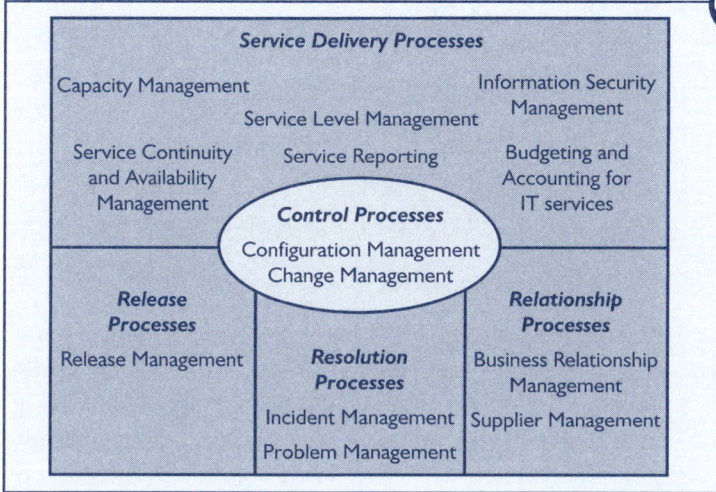

◀ **Abb.**
ISO/IEC 20000
Service Management
Prozesse

Teil 1: ISO/IEC 20000 Part 1 – „Service Management: Specification"

Der erste Teil des Standards (ISO/IEC 20000-1) enthält die formelle Spezifikation des Standards. Es sind Vorgaben dokumentiert, die eine Organisation einhalten, sicherstellen und nachweisen muss, um eine Zertifizierung zu erhalten. Die ISO/IEC 20000-1 enthält die „Musskriterien" des Standards.

Teil 2: ISO/IEC 20000 Part 2 – „Service Management: Code of Practice"

Innerhalb des zweiten Teils der ISO/IEC 20000 werden die Anforderungen des ersten Teils um Erläuterungen der Best Practice ergänzt. Die ISO/IEC 20000-2 bietet Leitlinien und Empfehlungen für IT Service Management-Prozesse im Rahmen des formellen Standards.

Teil 3: BIP 0005 – „IT Service Management – A Managers Guide"

Als Ergänzung zur ISO/IEC 20000 enthält das BIP 0005 des BSI (British Standards Institute) eine Managementbeschreibung zur Zielsetzung und zu den Inhalten des IT Service Management auf Basis der ISO/IEC 20000 und von ITIL.

Teil 4 BIP 0015 – „IT Service Management Self-Assessment Workbook"
Mithilfe des BIP 0015 kann eine Selbstbewertung der bestehenden Prozesse in Relation zu den Vorgaben und den Best Practices der ISO/IEC 20000 vorgenommen werden. Hierzu sind zu jedem Prozess entsprechende Fragestellungen beschrieben.

1.2.2 Zertifizierung einer IT-Organisation

Die erfolgreiche Umsetzung von IT Service Management in einer IT-Organisation kann durch die ISO/IEC 20000 zertifiziert werden. Damit besteht die derzeit einzige Möglichkeit, eine erfolgreiche Implementierung des IT Service Management anhand eines internationalen Standards objektiv zu messen und zu auditieren. (Anmerkung: Die Zertifizierung von ITIL in einer IT-Organisation ist nicht möglich, da ITIL keinen Standard beschreibt, sondern Best Practices vermitteln soll.) Eine ISO-20000-Zertifizierung kann auf einen Kunden, einen IT Service oder einen Standort einer IT-Organisation begrenzt werden.

Durchgeführt werden diese Zertifizierungsaudits durch unabhängige Prüforganisationen – die RCBs (Registered Certification Bodies). Während eines Audits werden unter anderem folgende Voraussetzungen überprüft:

Die IT-Organisationen müssen verschiedene Dokumente und Reports (documents, records) bezüglich der Effektivität, Planung, des Handlings und der Steuerung der:

- Richtlinien und Pläne
- Service Level Agreements
- Prozesse und Prozeduren
- Aktualität der Reports
- Prozeduren und Verantwortlichkeiten für das Management der Dokumentationen
vorweisen können.

Alle Rollen und Verantwortlichkeiten des Service Management müssen definiert und aktuell bezüglich der geforderten

Kompetenzen sein. Mitarbeiterkompetenzen und Trainingsanforderungen müssen überprüft werden.

Das Topmanagement muss:

- sicherstellen, dass jeder seine Rolle und Aktivitäten verstanden hat
- sicherstellen, dass jeder seine Bedeutung bei der Erreichung der Zielsetzung des Service Management verstanden hat

1.2.3 Seminare

Die Seminare zum Erlernen der ISO20000 Inhalte werden in 2011 überarbeitet bzw. neu erstellt. Der aktuelle Stand ist unter www.iso20000norm.de hinterlegt.

Mit Handykamera
einscannen

1.3 Was ist COBIT®?

COBIT (Control Objectives for Information and related Technology) gilt als das international am meisten anerkannte Framework für die Umsetzung von IT Governance. Es gliedert die Aufgaben der IT in Form eines Domänen- und Prozess-Frameworks und liefert Verbindungen von Unternehmenszielen zu IT- und Prozesszielen. COBIT stellt darüber hinaus Messgrößen und Reifegradmodelle zur Verfügung und identifiziert Verantwortlichkeiten in der IT und in den Fachbereichen.

Die Anwendung des Frameworks soll dabei die Erreichung folgender Ziele unterstützen:

• Ausrichtung der IT auf das Kerngeschäft des Unternehmens
• effiziente Unterstützung der Geschäftsprozesse durch die IT und damit verbundene Gewinnmaximierung
• verantwortungsvoller Umgang mit IT Ressourcen und deren Absicherung
• angemessenes Management von IT Risiken

COBIT wurde ursprünglich vom internationalen Verband der IT Revisoren (ISACA, Information Systems Audit and Control Association) entwickelt. Seit 2000 hat das IT Governance Institute als Schwesterinstitut der ISACA die Weiterentwicklung übernommen. COBIT basiert auf den international anerkanntesten Standards, Frameworks und Best Practices wie z. B. ITIL, CMMI, PMBOK oder ISO 27000. In COBIT werden diese unterschiedlichen Guidelines integriert und die wichtigsten Ziele in einem übergeordneten Framework zusammengefasst.

Dabei konzentriert sich COBIT im Wesentlichen darauf, WAS erforderlich ist, um eine angemessene Steuerung der IT zu erreichen, und weniger auf das WIE.

Um die Unternehmensziele zu erreichen, müssen Informationen bestimmten Kriterien entsprechen.

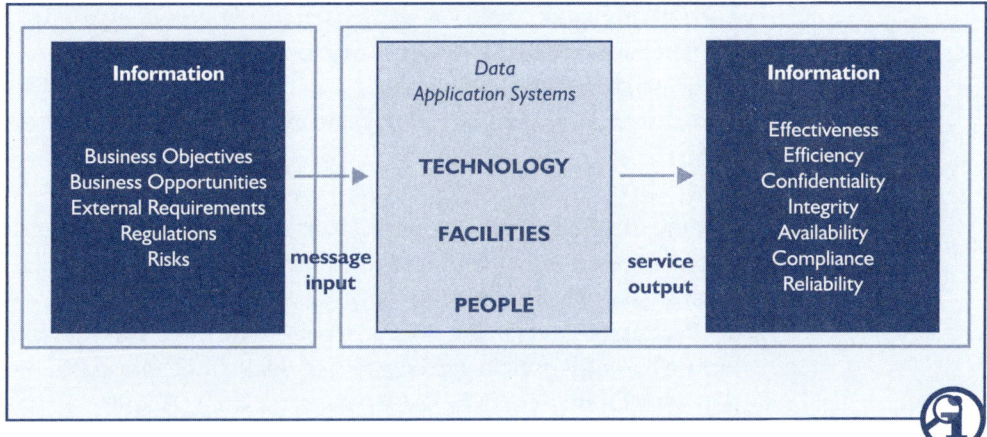

Information	Data Application Systems	Information
Business Objectives Business Opportunities External Requirements Regulations Risks	**TECHNOLOGY** **FACILITIES** **PEOPLE**	Effectiveness Efficiency Confidentiality Integrity Availability Compliance Reliability

COBIT® benennt dabei sieben sogenannte Information Criteria (vgl. Abbildung):

- Effektivität: d. h. Informationen sind relevant für den Geschäftsprozess und werden zeitnah, korrekt, konsistent und in einer verwendbaren Form bereitgestellt
- Effizienz: d. h. die Bereitstellung der Informationen erfolgt unter optimaler Ressourcenverwendung
- Integrität: d. h. Informationen müssen richtig, valid und vollständig sein
- Verfügbarkeit: d. h. Informationen müssen dann verfügbar sein, wenn sie vom Geschäftsprozess benötigt werden
- Vertraulichkeit: d. h. Informationen sind vor unberechtigter Veröffentlichung geschützt
- Verlässlichkeit: d. h. Informationen müssen derart bereitgestellt werden, dass das Management die Organisation steuern und der Verantwortung für die gesetzlich oder vertraglich geforderte Berichterstellung nachkommen kann
- Einhaltung (Compliance): d.h. Einhaltung gesetzlicher Vorgaben und vertraglicher Regelungen, denen der Geschäftsprozess unterliegt

Des Weiteren definiert COBIT® vier IT Ressourcen:

- Informationen: dazu zählen alle Datenobjekte im weitesten Sinne

Abb. ▲
COBIT®-Informations-kriterien und deren Abhängigkeiten (Quelle: ISACA).

- Anwendungen: sind automatisierte Anwendungen und manuelle Verfahren, die Informationen verarbeiten
- Infrastruktur: dazu zählt alles, was benötigt wird, um Informationssysteme zu betreiben und zu beherbergen
- Personen

Um die für die Erreichung der Unternehmensziele benötigten Informationen entsprechend den Kriterien bereitzustellen, müssen die IT Ressourcen durch eine strukturierte Menge an Prozessen gemanagt und gesteuert werden. Das COBIT Framework identifiziert zu diesem Zweck 34 IT Prozesse, die den vier Domänen Plan & Organize („Plan"), Acquire & Implement („Build"), Deliver & Support („Run") und Monitor & Evaluate („Monitor") zugeordnet sind.

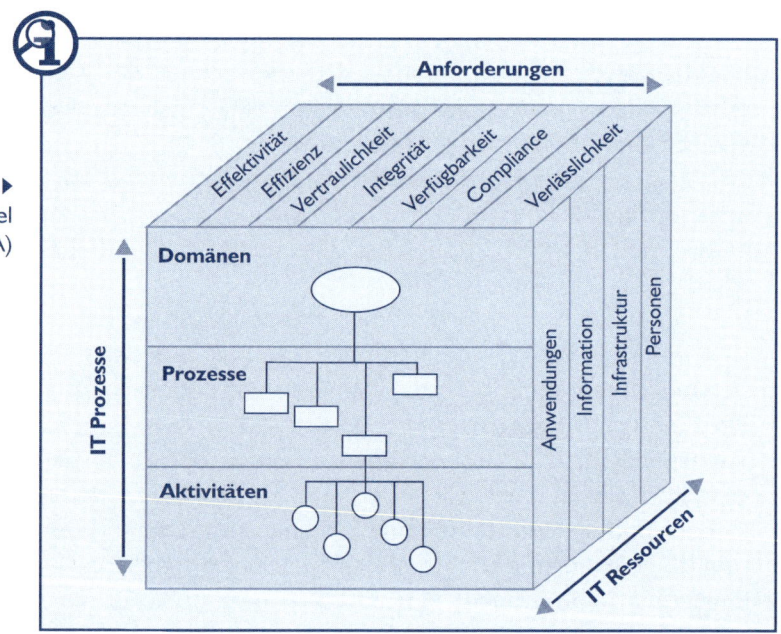

Abb. ▶
COBIT®-Würfel
(Quelle: ISACA)

Den einzelnen Prozessen sind jeweils sogenannte Control Objectives zugewiesen. Diese Control Objectives sind wesentliche Bereiche, die im Prozess berücksichtigt sein müssen, um das Prozessziel (und damit über das IT Ziel das Unternehmensziel) zu erreichen.

Ursprünglich gedacht als Werkzeug für IT Prüfer (Auditoren) hat sich COBIT zwischenzeitlich zu einem Werkzeug für die Steuerung der IT aus Unternehmenssicht entwickelt und wird häufig als De-facto-Standard für IT Governance gesehen. Dabei beschreibt das COBIT Framework eigentlich weniger Governance- als vielmehr Managementprozesse, für deren Umsetzung im Unternehmen eine Vielzahl anderer Frameworks und Standards herangezogen werden können bzw. müssen (z.B. ITIL, ISO 27000).

Trotzdem stellt das COBIT Framework ein wichtiges Instrument zur Steuerung und Kontrolle der IT dar. Bei korrekter Anwendung kann dadurch eine verbesserte Ausrichtung der IT an den Unternehmenszielen erreicht werden.

> Für 2011 hat die ISACA eine völlig überarbeitete Version von COBIT (COBIT 5.0) angekündigt, in der weitere von der ISACA verantwortete Frameworks, wie z.B. Val IT oder Risk IT, integriert werden sollen.

1.3.1 Seminar- und Qualifizierungsschema COBIT®

Für COBIT gibt es folgende Seminare und Qualifizierungen vorhanden:

COBIT® Foundation-Zertifizierung

Das international anerkannte ISACA-Zertifikat belegt das Verständnis der wesentlichen COBIT-Prinzipien und Elemente sowie deren Anwendung in praxisnahen Situationen auf Basis der zum Prüfungszeitpunkt aktuellen Version von COBIT.

Es unterscheidet sich von der nur in Deutschland existierenden COBIT-Practitioner Zertifizierung vor allem dem Namen nach – eine Abstufung zwischen Foundation (Grundlagen) und Practitioner (Praxisanwendung) analog des ITIL oder PRINCE2 Ausbildungsschemas gibt es im Bereich COBIT nicht.

1.4 Was ist ISO/IEC 38500?

2008 veröffentlichte die internationale Standardisierungs-behörde ISO den richtungsweisenden Standard ISO/IEC 38500:2008 "Corporate Governance in Information Technology". Er definiert Richtlinien zur sogenannten Corporate Governance von in Unternehmen eingesetzten Informations-technologien.

Die Norm definiert „IT Governance" in eindeutiger Weise, differenziert diese deutlich vom Begriff „Management" und stellt eindeutig klar, dass es sich bei der Governance der IT nicht um eine IT Angelegenheit handelt.

Der Standard definiert die integralen Bestandteile der IT Governance und damit die fundamentalen Aufgaben der Geschäftsführung, nämlich die Bewertungen (to evaluate), die Steuerung (to direct) und die Überwachung (to monitor) der aktuellen und zukünftigen IT-Nutzung bei der Erreichung der Unternehmensziele. Dabei werden sechs Prinzipien benannt, die relevant für Entscheidungen innerhalb der entsprechenden Management-Prozesse sind. Diese betreffen Verantwortlich-keit, Strategie, Akquisition, Performanz, Konformität und menschliches Verhalten.

Die high-level Beschreibung gewährleistet dabei, dass sich die Unternehmensseite leichter involvieren lässt; die klassischen IT-Rahmenwerke sind für die Geschäftsleitung meist zu detail-liert.

Durch die gezielte, klare Adressierung der Geschäftsleitung ergänzt die ISO 38500 bestehende Frameworks und Normen in idealer Weise und liefert so einen wirklichen Mehrwert.

1.5 Was ist M_o_R® (Management of Risk)?

Kritische Zustände kommen in den seltensten Fällen völlig überraschend auf Organisationen zu. Meist sind die Risiken bekannt, werden aber in den wenigsten Fällen ernst genommen bzw. zu spät erkannt. Zum Verständnis ist es notwendig, den Begriff „Risiko" und dessen Bedeutung zu definieren:

Ein Ereignis bzw. eine Gruppe von Ereignissen, deren Eintreten ungewiss ist und Auswirkungen auf die Erreichung der Ziele haben wird. Ein Risiko wird bewertet anhand der Eintrittswahrscheinlichkeit des Ereignisses und der Auswirkungen auf die Zielereichung. Mit Risiken werden Menschen und Unternehmen tagtäglich konfrontiert, sei es zum Beispiel auf dem Weg zur Arbeit, im Auto oder im Unternehmen bei der Entscheidung für eine neue Geschäftsstrategie.

Im Sinne von Organisationen ist das Thema Risikomanagement (Management of Risk, M_o_R) ein zentraler Bestandteil der Geschäftsstrategie. Jedes Unternehmen wird sich in der einen oder anderen Art und Weise mit dem Thema Risikomanagement auseinandersetzen. Die meisten Unternehmen machen dies kaum erkennbar und nachvollziehbar. Hierbei fehlt es vor allem an entsprechend definierten Prozessen im Rahmen eines Risikomanagements.

1.5.1 Warum ist Risikomanagement notwendig?

Durch neue Grundsätze im Rahmen der Unternehmensführung und gesetzliche Vorschriften ist die intensivere Bewertung von Risiken für den Geschäftsbetrieb heutzutage unerlässlich.

Vor allem infolge der US-Bilanzskandale von Unternehmen wie Enron oder Worldcom und des daraus entstandenen Sarbanes Oxley Act (SOX) für an amerikanischen Börsen notierte Unternehmen spielt der Umgang mit Risiken heutzutage eine besonders herausragende Rolle. SOX beinhaltet Aspekte der Corporate Governance, Compliance und Berichterstattung.

Durch diese notwendige Einhaltung können Risiken früher erkannt werden, um damit sowohl Unternehmen als auch Anleger vor Verlusten rechtzeitig zu schützen.

SOX ist zudem einer der Treiber, weshalb Unternehmen Best Practices-Ansätze wie ITIL umsetzen. Darunter fallen auch die Methoden, die der Best Practice-Ansatz im Rahmen des Risikomanagements vorsieht.

Ziel des Risikomanagements ist, Unternehmen ein Werkzeug an die Hand zu geben, mit dem sie in definierten Schritten (Best Practice) eine bessere Einschätzung ihrer aktuellen Situation erlangen und mit dem sie die drohenden Auswirkungen besser bewerten können.

Es ist nicht unbedingt das Ziel des Risikomanagements, Risiken und deren Auswirkungen gänzlich zu vermeiden. Wichtiger ist hierbei, eine korrekte Einschätzung und Handhabung der Situation zu bekommen, um damit die Unternehmensziele zu erreichen.

1.5.2 Wann und wo sollte Risikomanagement angewandt werden?

Eine Anwendung und Etablierung von Risikomanagement ist überall dort zu empfehlen, wo kritische Entscheidungen getroffen werden. Ausgerichtet auf langfristige Ziele, fokussiert sich Risikomanagement auf die Bewertung von Risiken im Verhältnis zu den strategischen Zielen einer Organisation. Strategisches Risikomanagement ist Risikomanagement auf höchster Unternehmensebene.

Auch mittelfristig im Rahmen von Projekten muss Risikomanagement essentieller Bestandteil der Projektplanung sein. Ebenso verhält es sich mit der Absicherung operativer Funktionen. Gerade hier muss im täglichen Betrieb gewährleistet sein, dass jegliche Bedrohungen erkannt werden und der Betrieb sichergestellt ist.

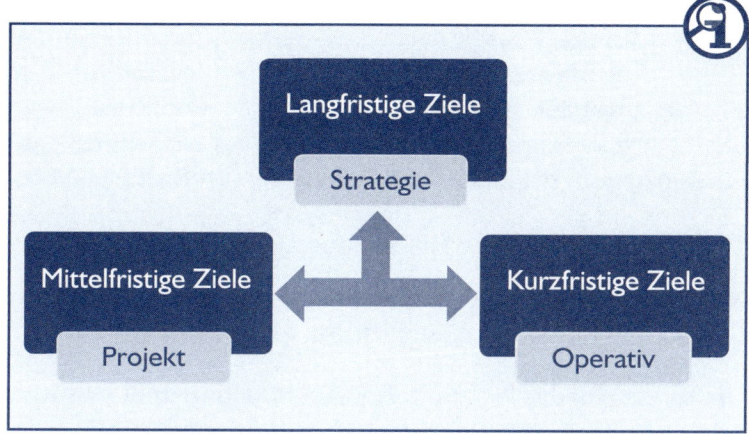

◄ **Abb.**
Anwendungs-
schwerpunkte von
Risikomanagement

Source: Management of Risk:
Guidance for Practitioners
produced by OGC.

1.5.3 Grundsätze des Risikomanagements

Für die Entwicklung von Verfahren im Rahmen eines unternehmensweiten Risikomanagements müssen verschiedene Grundsätze definiert sein. Diese müssen präzise, verständlich sowie einfach umsetzbar sein. Im Rahmen des Best Practice-Ansatzes beschreibt M_o_R folgende generische Grundsätze bzw. Voraussetzungen:

1. Verständnis der organisatorischen Zusammenhänge
2. Rolle sowie Integration der Interessensvertreter (Stakeholder)
3. Kenntnis über die Zielsetzungen der Organisation
4. Etablierung von M_o_R Methoden
5. Implementierung von Managementinformationen (Reports)
6. Definition von Rollen und Verantwortlichkeiten
7. Strukturierte Betriebsabläufe
8. Frühzeitige Warnsysteme
9. Review-Zirkel, Qualitätssicherung
10. Überwindung von Barrieren im Bereich M_o_R (kritische Erfolgsfaktoren, Hindernisse)
11. Kultur und Organisation
12. Kontinuierliche Verbesserungsprozesse (KVP)

Diese Grundsätze können auch als Erfolgsfaktoren für die Umsetzung von Risikomanagement angesehen werden.

Wie alle Erfolgsfaktoren entwickeln sich die Grundsätze des Risikomanagements kontinuierlich weiter und müssen von Zeit zu Zeit angepasst werden. Organisationen sind dazu angehalten, ihre Strategien an die Bedürfnisse des Marktes anzupassen, wozu auch die dauerhafte Bewertung von Risiken gehört.

1.5.4 Methoden des Risikomanagements

Jedes Unternehmen verwendet unterschiedliche Ansätze im Bereich des Risikomanagements.

Um diese Methoden zu formulieren und den Beteiligten näherzubringen, empfiehlt der M_o_R-Ansatz die Entwicklung von entsprechenden Dokumenten, die die Ansätze des Risikomanagements erfassen und verbreiten.

Prinzipiell geht es darum, in der Organisation ein Bewusstsein für die Risiken des Unternehmens zu schaffen und dazu geeignete Verfahren zu entwickeln. Dazu werden folgende Leitlinien empfohlen:

- Risk Management Policy: Ein Grundlagendokument, welches Richtlinien zum Risikomanagement definiert, den Umgang mit Risiken innerhalb der Organisation festlegt sowie die Art der Kommunikation beschreibt. Diese Richtlinien sind strategisch ausgerichtet.
- Risk Management Process Guide: Beschreibung der Prozesse im Risikomanagement von der Identifizierung bis hin zur Implementierung
- Risk Management Strategies: Beschreibung von Aktivitäten im Risikomanagement für (bestimmte) Teile der Organisation
- Risk Registers: Erfassung bzw. Zusammenfassung jeglicher Risiken und Chancen für jeden Bereich der Organisation
- Issue Logs: Sachbezogene Erfassung aller identifizierten Themen inklusive schon eingetretener Risiken

Das Bewusstsein für diese Themen muss Bestandteil der Organisationskultur werden. Dazu fassen die Dokumente Aufgaben, Verantwortlichkeiten und Kompetenzen im Rahmen der Identifizierung und Bewertung von Risiken zusammen.

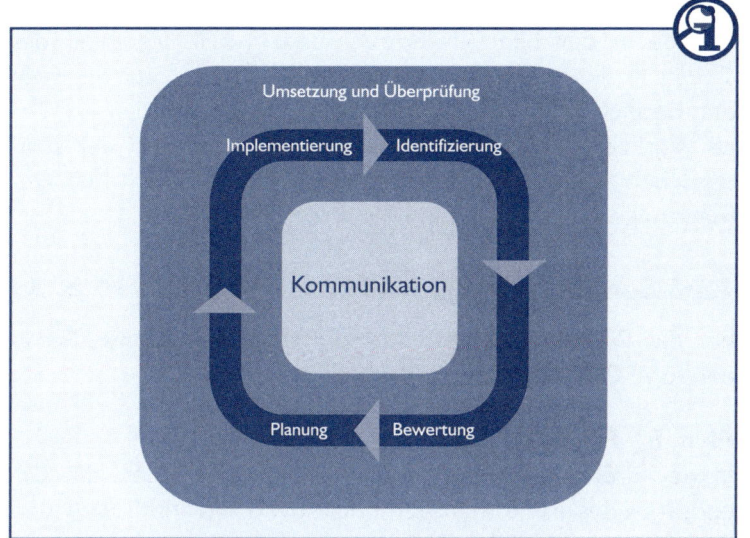

◀ **Abb.**
Methoden des Risiko-
managements

Source: Management of Risk:
Guidance for Practitioners
produced by OGC.

1.5.5 Prozesse des Risikomanagements

Risikomanagement lässt sich in vier Teilprozesse gliedern:

- Identifizierung (Identifizierung von Risiken für das Unterneh-men/das Projekt)
- Bewertung (Bewertung von Risiken und deren Auswirkun-gen, Berechnung von Eintrittswahrscheinlichkeiten anhand von mathematischen Methoden)
- Planung (Vorbereitung von Maßnahmen aus Sicht des Mana-gements, um auf identifizierte Risiken zu reagieren)
- Implementierung (Erstellen von Maßnahmen zur Risikover-meidung und Überwachung dieser)

Die vier Prozesse ergeben einen zusammenhängenden, lo-gischen Ansatz für die Implementierung von Risikomanage-ment. Jeder nachfolgende Schritt kann ohne die Ergebnisse des Vorgängers keine brauchbaren Aussagen im Rahmen des Risikomanagements liefern.

Auch hier spielt das Thema Lifecycle erneut die zentrale Rolle, ist doch das Erkennen vorhandener Risiken sowie eine be-wusste Planung von Gegenmaßnahmen tägliche Aufgabe von Entscheidern.

Gerade in der Lifecycle-Betrachtung in ITIL v3 spielt das Thema Risikomanagement eine große Rolle – vor allem in den Bereichen Service Strategy sowie Service Design –, da es als Werkzeug beim Design von Services sowie bei der strategischen Ausrichtung der Unternehmensziele dem Management helfend zur Seite stehen soll.

1.5.6 Seminar- und Qualifizierungsschema M_o_R®

Für das Risikomanagement (M_o_R) gibt es folgende Seminare und Qualifizierungen:

M_o_R®-Foundation

In der dreitägigen Foundation-Ausbildung werden die Grundsätze des Risikomanagements sowie die Methoden und Prozesse des M_o_R-Ansatzes vermittelt. Die Ausbildung zur M_o_R-Foundation wird mit einer Zertifizierungsprüfung abgeschlossen. Diese umfasst eine Prüfung über 45 Fragen im Multiple-Choice-Stil mit einer Dauer von 45 Minuten.

M_o_R®-Practitioner

In der dreitägigen Practitioner-Ausbildung werden die Grundsätze, Methoden und Prozesse im Rahmen des M_o_R -Ansatzes in aller Tiefe ausgearbeitet. Hierbei ist der Transfer in die Praxis von großem Interesse. Dazu findet als Abschluss eine dreistündige Prüfung statt, die auf einer Praxissituation beruht (Fallstudie). Die erfolgreich abgeschlossene Foundation-Ausbildung ist hierfür Grundlage.

Mit Handykamera
einscannen

Hierfür wurden zwei verschiedene Varianten entwickelt. Alle Informationen über die Schulungen und die Inhalte findet man unter www.serview.de

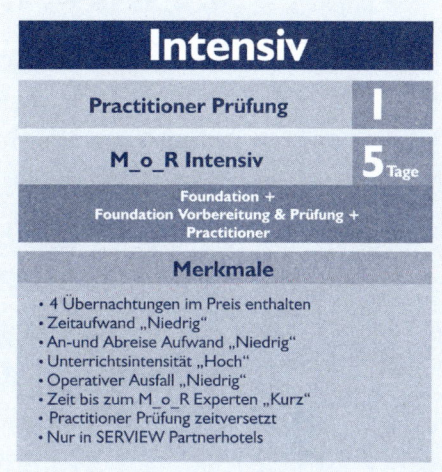

Standard

Practitioner Prüfung	1 Tag
Practitioner	3 Tage
Foundation	2 Tage

Merkmale

- Hotelkosten nicht im Preis enthalten
- Zeitaufwand „Hoch"
- An-und Abreise Aufwand „Hoch"
- Unterrichtsintensität „Normal"
- Operativer Ausfall „Hoch"
- Zeit bis zum M_o_R Experten „Lang"
- Practitioner Prüfung zeitversetzt
- Deutschlandweit

Intensiv

| Practitioner Prüfung | 1 |
| M_o_R Intensiv | 5 Tage |

**Foundation +
Foundation Vorbereitung & Prüfung +
Practitioner**

Merkmale

- 4 Übernachtungen im Preis enthalten
- Zeitaufwand „Niedrig"
- An-und Abreise Aufwand „Niedrig"
- Unterrichtsintensität „Hoch"
- Operativer Ausfall „Niedrig"
- Zeit bis zum M_o_R Experten „Kurz"
- Practitioner Prüfung zeitversetzt
- Nur in SERVIEW Partnerhotels

Abb. ▲
M_o_R®
Ausbildungsvarianten
bei der SERVIEW im
Vergleich

1.6 Was ist CMMI (Capability Maturity Model Integration) ?

Die Capability Maturity Model Integration ist ein Reifegradmodell zur Beurteilung und Verbesserung der Qualität von Entwicklungsprozessen in Organisationen. Dabei werden die Stärken und Schwächen einer Entwicklung objektiv analysiert. So können Verbesserungsmaßnahmen bestimmt und in eine sinnvolle Reihenfolge gebracht werden.

CMMI wird im Wesentlichen zur Optimierung der Produktentwicklung genutzt. Darüber hinaus hat es sich in der Industrie als De-facto-Standard zur Überprüfung des Reifegrades etabliert und gilt als anerkannte Auszeichnung.

Abb. ▶
Übersicht über die CMMI Modelldisziplinen und Kombinationen

CMMI ist die neue Version des Software Capability Maturity-Models. Es ersetzt nicht nur verschiedene Qualitätsmodelle für unterschiedliche Entwicklungsdisziplinen (z. B. für die Software- oder Systementwicklung), sondern integriert diese auch in einem neuen, modularen Modell. Dieses modulare Konzept ermöglicht zum einen die Integration weiterer Entwicklungsdisziplinen (z. B. Hardwareentwicklung), zum anderen auch die Anwendung des Qualitätsmodells in übergreifenden Disziplinen (z. B. Entwicklung von Chips mit Software).

CMMI definiert eine Reihe von Prozessgebieten (siehe Grafik). Ein Prozessgebiet (Process Area) spezifiziert die Anforderungen an eine professionelle Produktentwicklung auf einem bestimmten Gebiet durch ein Bündel verwandter Praktiken. Die - sofern diese gemeinsam ausgeführt werden - erfüllen eine Reihe von Zielen, die für eine deutliche Verbesserung auf diesem Gebiet wichtig sind.

Beispiel: Auf dem Prozessgebiet „Projektplanung" sind die Ziele: „Schätzungen aufstellen", „Einen Projektplan entwickeln" und „Verpflichtung auf den Plan herbeiführen". Die Praktiken zum Ziel „Schätzungen aufstellen" sind „Umfang", „Projektlebenszyklus definieren" und „Schätzungen von Aufwand und Kosten aufstellen".

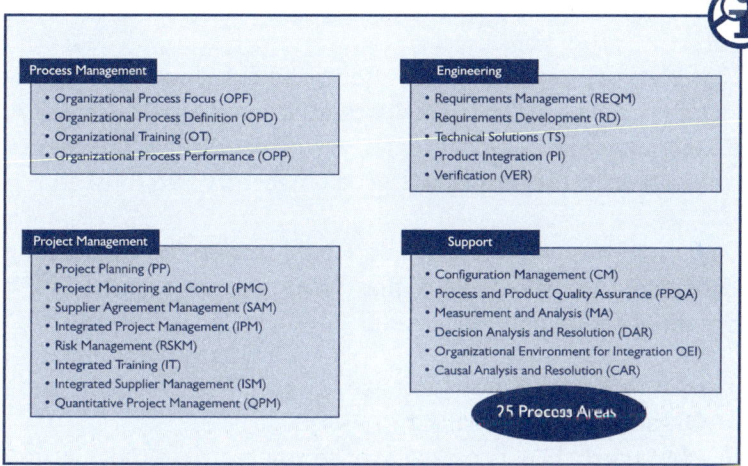

◄ **Abb.**
Übersicht über die CMMI Modelldisziplinen und Kombinationen

Die Prozessgebiete sind in vier Kategorien eingeteilt: Projektmanagement (Project Management), Entwicklung (Engineering), Unterstützung (Support) und Prozessmanagement (Process Management). Während die ersten beiden Kategorien die Prozessgebiete enthalten, die typischerweise in Projekten umgesetzt werden, ist Prozessmanagement vor allem eine organisationsweite Aufgabe. Die Prozessgebiete in der Kategorie „Unterstützung" können sowohl eine Projektaufgabe als auch eine Organisationsaufgabe sein.

Für die Prozessgebiete, Ziele und Praktiken gibt CMMI jeweils zusätzliche erklärende Informationen. So wird z. B. jedes Prozessgebiet zunächst erläutert, dann werden die damit in Verbindung stehenden Prozessgebiete aufgezählt. Jede Praktik wird durch einen Erklärungstext, durch typische Arbeitsergebnisse und durch typische Arbeitsschritte weiter erläutert.

Im Prinzip stellt CMMI somit einen Anforderungskatalog mit generischen und spezifischen Zielen und Praktiken dar – ähnlich den Kontrollzielen in COBIT. Je nach Umsetzungsgrad der vorgegebenen Ziele und Praktiken wird ein bestimmter Reife- oder Fähigkeitsgrad vergeben.

Das Modell stellt zwei Betrachtungsweisen zur Verfügung: Maturity Level und Capability Level.

Der Maturity Level zeigt den Reifegrad auf, den eine Organisation in Bezug auf die Produktentwicklung erreicht hat. Ein Reifegrad umfasst eine Menge von Prozessgebieten, die zu einem bestimmten Fähigkeitsgrad umgesetzt sein müssen.

Den möglichen Reifegradstufen 1 bis 5 ist also die Umsetzung definierter Prozessgebiete pro Level vorausgesetzt. CMMI beschreibt folgende Reifegrade:

1. **Initial:** Keine Anforderungen. Diesen Reifegrad hat jede Organisation automatisch.
2. **Managed:** Die Projekte werden unter Anleitung durchgeführt. Ein ähnliches Projekt kann erfolgreich wiederholt werden.
3. **Defined:** Die Projekte werden nach einem angepassten Standardprozess mit einer kontinuierlichen Prozessverbesserung durchgeführt.
4. **Quantitatively Managed:** Es wird eine statistische Prozesskontrolle durchgeführt.
5. **Optimizing:** Die Prozesse werden mit den Daten aus der statistischen Prozesskontrolle verbessert.

Der Capability Level zeigt den Fähigkeitsgrad auf, den eine Organisation auf einem bestimmten Prozessgebiet erreicht hat. Für das betrachtete Prozessgebiet kann ein Capability Level (Fähigkeitsgrad) von 0 bis 5 erreicht werden.

Durch die Fokussierung auf einzelne Prozessgebiete ist eine flexiblere Anpassung und Aussteuerung der Organisationsfähigkeiten möglich.

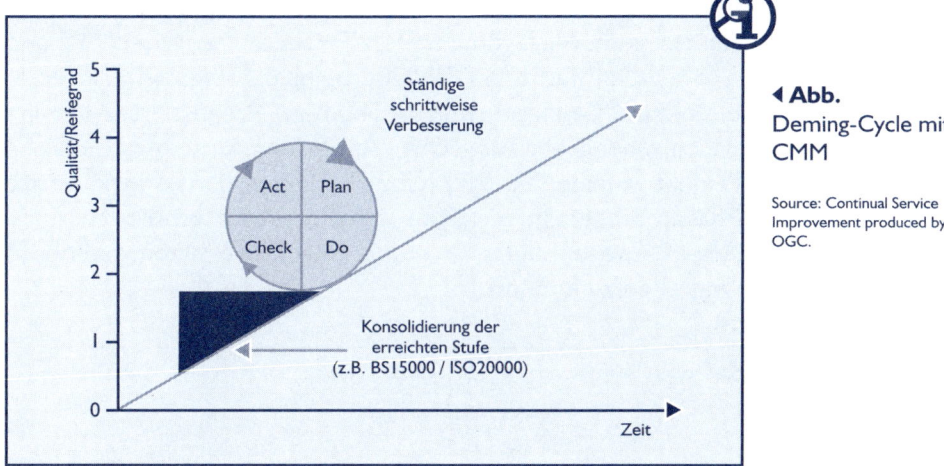

◀ **Abb.**
Deming-Cycle mit CMM

Source: Continual Service Improvement produced by OGC.

Ein Fähigkeitsgrad bezeichnet den Grad der Institutionalisierung eines einzelnen Prozessgebiets.

Die Fähigkeitsgrade sind:

0. Incomplete: Ausgangszustand. Keine Anforderungen
1. Performed: Die spezifischen Ziele des Prozessgebiets werden erreicht.
2. Managed: Der Prozess wird verwaltet.
3. Defined: Der Prozess wird auf Basis eines angepassten Standardprozesses verwaltet und verbessert.
4. Quantitatively Managed: Der Prozess steht unter statistischer Prozesskontrolle.
5. Optimizing: Der Prozess wird mit den Daten aus der statistischen Prozesskontrolle verbessert.

1.7 Was ist PRINCE2®?

PRINCE steht für PRojects IN Controlled Environments und wurde 1989 erstmals von der CCTA – Central Computer and Telecommunications Agency, heute OGC als Standard der britischen Regierung für IT-Projektmanagement ins Leben gerufen. Durch ständige Weiterentwicklung ist diese Projektmanagement-Methode heute nicht mehr nur für IT-Projekte verwendbar, sondern seit 1996 (PRINCE2) ein generischer Ansatz zum Management von Projekten jeglicher Art und Größe. Die Methode PRINCE2 beinhaltet vier grundlegende Elemente: Grundprinzipien, Themen, Prozesse sowie eine Beschreibung der möglichen Anpassung an unterschiedliche Projektumfelder. Ein PRINCE2-Projekt wird in kontrollierbare Phasen aufgeteilt, u. a. um den Projektfortschritt am Ende jeder Phase zu beurteilen und bei Bedarf rechtzeitig steuernd eingreifen zu können.

Abb. ▶
PRINCE2-Prozesse
und Themen

Source: Managing Successful Projects with PRINCE2 produced by OGC.

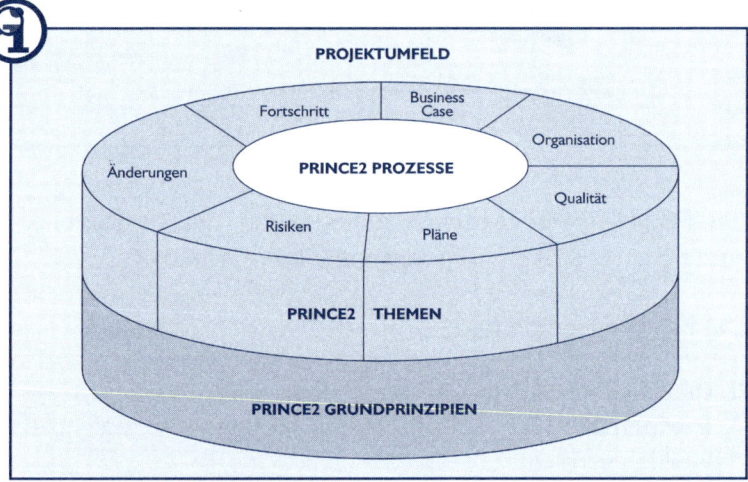

1.7.1 Warum PRINCE2®?
Nicht alle Projekte verlaufen erfolgreich. Die Ursache für das Misslingen von Projekten liegt oft im fehlenden Einsatz einer passenden Projektmanagement-Methode. Eine effektive Projektmanagement-Methode wie PRINCE2 gewährleistet, dass ein Projekt durch kontrollierte, gut organisierte und sichtbare Aktivitäten zu den gewünschten Ergebnissen führt.

1.7.2 Aspekte von PRINCE2®

Die wichtigsten Aspekte von PRINCE2:

- Die Methode ist prozessorientiert und auf eine geschäftliche Rechtfertigung, den sogenannten Business Case, ausgerichtet.
- Eine definierte Organisationsstruktur für das Projektmanagement-Team ist vorhanden.
- Die Methode kennt eine produktbezogene Vorgehensweise der Planung.
- Die Methode betont die Aufteilung von Projekten in beherrschbare und kontrollierbare Phasen.
- Die Methode ist flexibel und kann in jeder Umgebung für jeden Projekttyp angewandt werden.

1.7.3 Vorteile der Anwendung von PRINCE2®

PRINCE2 liefert durch eine kontrollierte Nutzung die Möglichkeit, Betriebs- und Projektrisiken effektiver zu steuern und bietet somit Vorteile für Manager, Projektverantwortliche und für Organisationen. PRINCE2 gehört zu den Best Practices, wird als Methode allgemein anerkannt und gewährleistet eine gemeinsame Sprache für alle am Projekt beteiligten Personen.

Folgende Punkte werden durch PRINCE2 sichergestellt:

- kontrollierter Start, kontrollierter Projektverlauf, kontrolliertes Projektende
- Fokus auf permanente Überwachung des Aufwandes und der Risiken
- definierte Organisationsstruktur
- flexible Entscheidungsmomente
- regelmäßige und planmäßige Fortschrittskontrolle
- automatische Korrekturmöglichkeit durch das Management bei Abweichungen vom Plan
- Commitment des Managements und der Projektbeteiligten im richtigen Moment und für die richtigen Themen
- gute Kommunikationskanäle zwischen den Projektverantwortlichen und der Organisation im Unternehmen

Das Management eines Unternehmens, die Verantwortlichen und die Auftraggeber dieses Projekts sind nach der Methode „Management by Exception" jederzeit über den Projektstand informiert, ohne an zeitraubenden Versammlungen teilnehmen zu müssen. Es gibt eine ganze Reihe guter Projektmanagement-Methoden. Aber gerade im Rahmen von IT-Projekten ist es von großem Vorteil, dass ITIL und PRINCE2 aus „einer Feder" stammen.

1.7.4 Seminar- und Qualifizierungsschema PRINCE2®

Für PRINCE2 gibt es folgende Qualifizierungsmöglichkeiten:

PRINCE2®-Foundation
Die zwei- oder dreitägige Foundation-Ausbildung vermittelt die Grundsätze des Projektmanagements sowie Kernbegriffe, Kernthemen und das Prozessmodell von PRINCE2. Die Ausbildung PRINCE2-Foundation wird mit einer Zertifizierungsprüfung abgeschlossen.

PRINCE2®-Practitioner
In der meist dreitägigen interaktiven Practitioner-Ausbildung werden anhand von Praxisfällen die Inhalte von PRINCE2 in aller Tiefe ausgearbeitet und angewandt. Die Ausbildung PRINCE2-Practitioner wird mit einer Zertifizierungsprüfung abgeschlossen.

Hierfür wurden vier verschiedene Varianten entwickelt. Alle Informationen über die Schulungen und die Inhalte findet man unter www.serview.de

Mit Handykamera
einscannen

Standard 1

Practitioner Prüfung	1 Tag
Practitioner	3 Tage
Foundation „Compact"	2 Tage

Merkmale

- Hotelkosten nicht im Preis enthalten
- Zeitaufwand „Mittel"
- An- und Abreise Aufwand „Hoch"
- Unterrichtsintensität „Mittel"
- Operativer Ausfall „Mittel"
- Zeit bis zum PRINCE2 Experten „Mittel"
- Practitioner Prüfung zeitversetzt
- Deutschlandweit

Standard 2

Practitioner Prüfung	1 Tag
Practitioner	3 Tage
Foundation „Standard"	3 Tage

Merkmale

- Hotelkosten nicht im Preis enthalten
- Zeitaufwand „Hoch"
- An- und Abreise Aufwand „Hoch"
- Unterrichtsintensität „Normal"
- Operativer Ausfall „Hoch"
- Zeit bis zum PRINCE2 Experten „Lang"
- Practitioner Prüfung zeitversetzt
- Deutschlandweit

Compact

| Practitioner Prüfung | 1 Tag |
| PRINCE2 Compact | 5 Tage |

**Foundation +
Foundation Vorbereitung & Prüfung +
Practitioner**

Merkmale

- 4 Übernachtungen im Preis enthalten
- Zeitaufwand „Mittel"
- An- und Abreise Aufwand „Mittel"
- Unterrichtsintensität „Mittel"
- Operativer Ausfall „Mittel"
- Zeit bis zum PRINCE2 Experten „Mittel"
- Practitioner Prüfung zeitversetzt
- Nur im SERVIEW Education & Event Center

Intensiv

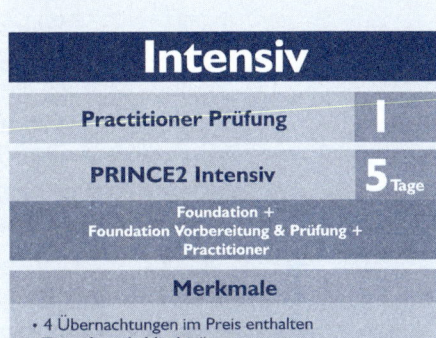

| Practitioner Prüfung | 1 |
| PRINCE2 Intensiv | 5 Tage |

**Foundation +
Foundation Vorbereitung & Prüfung +
Practitioner**

Merkmale

- 4 Übernachtungen im Preis enthalten
- Zeitaufwand „Niedrig"
- An -und Abreise Aufwand „Niedrig"
- Unterrichtsintensität „Hoch"
- Operativer Ausfall „Niedrig"
- Zeit bis zum PRINCE2 Experten „Kurz"
- Practitioner Prüfung zeitversetzt
- Nur in SERVIEW Partnerhotels

▲ **Abb.**
PRINCE2®
Ausbildungsvarianten
bei der SERVIEW
im Vergleich

1.8 Was ist MSP®?

Mit Managing Successful Programmes (MSP) hat das Office of Government Commerce einen Leitfaden für Best Practices im Bereich Programm-Management entwickelt.

MSP bietet ein bewährtes Rahmenwerk für die Umsetzung von Veränderungen und Erneuerungen mithilfe von Programm-Management. MSP definiert Programm-Management als „die Durchführung der koordinierten Organisation, Anordnung und Implementierung eines Portfolios von Projekten, um für das Geschäft strategisch wichtige Ergebnisse und Vorteile zu erzielen."

MSP wird sowohl im öffentlichen als auch im privaten Sektor von zahlreichen Organisationen angewendet. Die Erfahrungen der Organisationen, die Programm-Management eingeführt haben, sind in die neue, 2007 veröffentlichte, Ausgabe des Handbuchs eingeflossen und bieten einen unschätzbaren Beitrag zu dessen Anwendbarkeit.

Die Organisationen von heute müssen sich in einer Umgebung des kontinuierlichen und zunehmenden Wandels behaupten. Diejenigen, die gelernt haben, sich selbst durch effiziente Führung und strategische Steuerung weiterzuentwickeln, haben eine größere Chance, ihr Überleben zu sichern. Dabei wird immer häufiger erkannt, dass Programm-Management der Schlüssel ist, mit dem Organisationen das Management dieser Transformation bewältigen können.

1.8.1 Herausforderungen

Große Veränderungen bedeuten Komplexität, Risiko, zahlreiche Wechselwirkungen und widersprüchliche Prioritäten, die gelöst werden müssen. Es hat sich gezeigt, dass Organisationen mit hoher Wahrscheinlichkeit bei der Umsetzung von Änderungen scheitern, wenn:

• keine ausreichende Unterstützung des Senior Managements gewährleistet ist

- Führungskapazitäten fehlen
- die Kapazität und die Fähigkeit der Organisation zur Veränderung unrealistisch eingeschätzt werden
- die Erzielung der Vorteile nicht ausreichend im Vordergrund steht
- es keine reale Vorstellung der zukünftigen Kapazität gibt
- die Vision unzureichend definiert ist und schlecht vermittelt wird
- die Organisation nicht in der Lage ist, ihre Kultur zu verändern
- die Interessenvertreter sich nicht genug engagieren

Die Einführung eines Programm-Management-Ansatzes wie MSP bietet einer Organisation einen strukturierten Rahmen, der hilft, Stolpersteine auf dem Weg zum Ziel zu vermeiden.

1.8.2 Zentrale Rolle

MSP legt die Funktionen und Verantwortlichkeiten aller Rollen fest, die zum Aufbau einer effektiven Programm-Leitung dazugehören. Die effiziente Führung eines Programms setzt voraus, dass die richtigen Informationen zur Entscheidungsfindung vorliegen und das Management-System flexibel ist.
Zu den zentralen Rollen zählen:

- die Sponsorengruppe
- ein erfahrener, verantwortungsbewusster Gesamtverantwortlicher
- ein Programm-Manager
- ein Business Change-Manager
- eine Programm-Büro

1.8.3 Kernkonzepten

Das MSP System basiert auf drei Kernkonzepten:

- MSP Prinzipien: Diese basieren auf den gemachten positiven und negativen Erfahrungen mit Programmen. Sie definieren die Faktoren, die den Erfolg von allen transformativen Veränderungen untermauern.

- MSP Führungsthemen: Diese bestimmen die Art, wie eine Organisation Programm-Management angeht. Sie geben einer Organisation die Möglichkeit, die richtigen Führungskräfte, Delivery-Teams, Organisationsstrukturen und Kontrollmechanismen einzuführen und so die größten Erfolgschancen zu garantieren.

- MSP Transformationsfluss: Dieser bietet einen Pfad durch den gesamten Lebenszyklus eines Programms hindurch – von seiner Konzipierung bis hin zur Einführung der neuen Fähigkeiten, zu den Ergebnissen und Vorteilen.

Mit Handykamera einscannen

Hierfür wurden zwei verschiedene Varianten entwickelt. Alle Informationen über die Schulungen und die Inhalte findet man unter www.serview.de

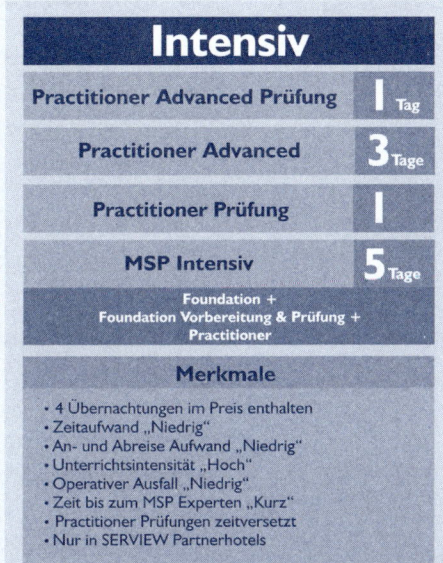

Standard	
Practitioner Advanced Prüfung	**1** Tag
Practitioner Advanced	**3** Tage
Practitioner Prüfung	**1** Tag
Practitioner	**3** Tage
Foundation	**2** Tage

Merkmale

- Hotelkosten nicht im Preis enthalten
- Zeitaufwand „Hoch"
- An- und Abreise Aufwand „Hoch"
- Unterrichtsintensität „Normal"
- Operativer Ausfall „Hoch"
- Zeit bis zum MSP Experten „Lang"
- Practitioner Prüfungen zeitversetzt
- Deutschlandweit

Intensiv	
Practitioner Advanced Prüfung	**1** Tag
Practitioner Advanced	**3** Tage
Practitioner Prüfung	**1**
MSP Intensiv	**5** Tage
Foundation + Foundation Vorbereitung & Prüfung + Practitioner	

Merkmale

- 4 Übernachtungen im Preis enthalten
- Zeitaufwand „Niedrig"
- An- und Abreise Aufwand „Niedrig"
- Unterrichtsintensität „Hoch"
- Operativer Ausfall „Niedrig"
- Zeit bis zum MSP Experten „Kurz"
- Practitioner Prüfungen zeitversetzt
- Nur in SERVIEW Partnerhotels

▲ **Abb. 1**
MSP® Ausbildungs-
varianten bei der
SERVIEW im
Vergleich

1.9 Was ist P3O®?

P3O steht für Portfolio, Programme und Project Offices und etabliert eine Unterstützungs- uns Supportstruktur für das Management jeglicher Änderungen im Rahmen des Portfolios, von Programmen und Projekten eines oder mehrerer Unternehmen.

Es werden Modelle, Funktionen, Techniken und Rollen beschrieben, mit denen die Portfolio-Entwicklung sowie Programme und Projekte in ihrer Durchführung unterstützt werden können.

Jedes Projekt, jedes Programm ist bezüglich des Erfolgs oft von einer guten administrativen Unterstützung abhängig. Dies zu zentralisieren und standardisierte Methoden (mit vielen praktischen Beispielen) an die Hand zu geben ist die Aufgabe des Frameworks P3O.

Es fügt sich nahtlos in die Methoden PRINCE2, M_o_R und MSP ein.

Mit Handykamera einscannen

Hierfür wurden zwei verschiedene Varianten entwickelt. Alle Informationen über die Schulungen und die Inhalte findet man unter www.serview.de

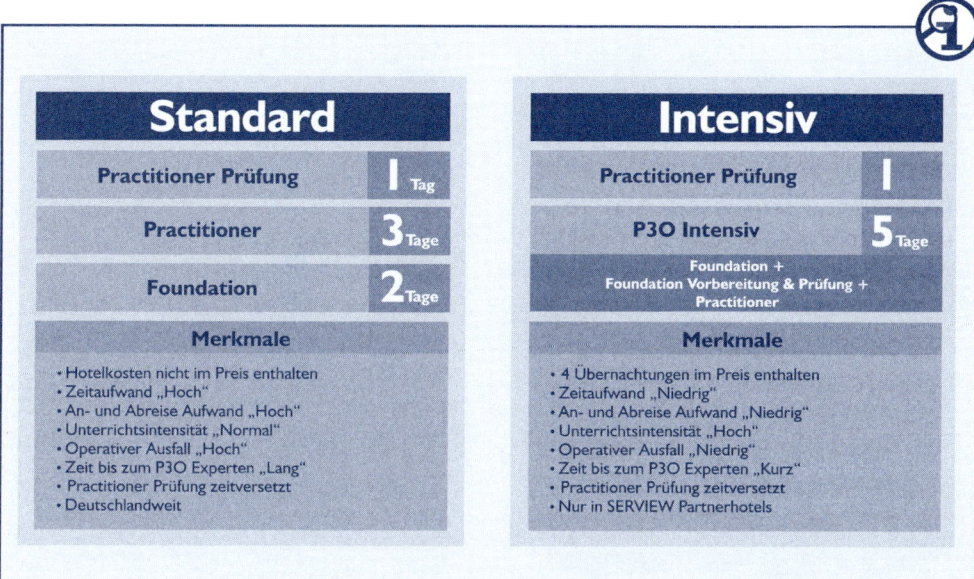

Standard

Practitioner Prüfung	**1** Tag
Practitioner	**3** Tage
Foundation	**2** Tage

Merkmale

- Hotelkosten nicht im Preis enthalten
- Zeitaufwand „Hoch"
- An- und Abreise Aufwand „Hoch"
- Unterrichtsintensität „Normal"
- Operativer Ausfall „Hoch"
- Zeit bis zum P3O Experten „Lang"
- Practitioner Prüfung zeitversetzt
- Deutschlandweit

Intensiv

| Practitioner Prüfung | **1** |
| P3O Intensiv | **5** Tage |

Foundation +
Foundation Vorbereitung & Prüfung +
Practitioner

Merkmale

- 4 Übernachtungen im Preis enthalten
- Zeitaufwand „Niedrig"
- An- und Abreise Aufwand „Niedrig"
- Unterrichtsintensität „Hoch"
- Operativer Ausfall „Niedrig"
- Zeit bis zum P3O Experten „Kurz"
- Practitioner Prüfung zeitversetzt
- Nur in SERVIEW Partnerhotels

Abb. ▲
P3O® Ausbildungs-
varianten bei der
SERVIEW im
Vergleich

2. KAPITEL

GRUNDLAGEN DES SERVICE MANAGEMENT

2.1 Was ist Service Management mit ITIL®?

Service Management bedeutet, Standardisierungen für Prozesse und Methoden vorzunehmen, um die Gesamtheit der spezialisierten organisatorischen Fähigkeiten untereinander so zu koordinieren, dass die Generierung eines Mehrwerts für Kunden in Form von Services möglichst kosten- und nutzeneffizient sichergestellt ist.

ITIL® Hören - das Hörbuch

ITIL hören - und verstehen!

Mit Handykamera
einscannen

2.2 Was ist ein Service?

Ein Service ist ein Nutzeffekt, den ein Dienstleister für einen Service-Nutzer erbringt, z. B. der Transport von Personen oder Gütern, das Zubereiten einer Pizza oder das Drucken eines Textdokuments. Die Service-Erbringung durch den Dienstleister erspart es dem Service-Nutzer, die notwendige Ausrüstung selbst bereitzuhalten, z. B. einen LKW, einen Pizzaofen oder einen Drucker, bzw. sich die erforderlichen Ressourcen und Fertigkeiten anzueignen, um z. B. einen LKW zu fahren, eine Pizza zuzubereiten oder selbst ein Dokument zu drucken. Oft verfügt der Service-Nutzer über die erforderlichen Voraussetzungen, möchte aber den entsprechenden Zeit- bzw. Ressourcenaufwand vermeiden und lässt die Aufgabe daher vom Service Provider erledigen. Ein Service muss deutlich von einem Produkt bzw. Sachgut unterschieden werden.

①

Definition nach ITIL®:
Ein Service bedeutet, einem Kunden einen Nutzen zu liefern, indem die erwarteten Ergebnisse produziert werden, ohne dass der Kunde die spezifischen Kosten und Risiken zu tragen hat.

Im Konzept des Begriffes „Service" existiert eine große Anzahl an Variationen. Im Kern jeder Definition muss immer stehen, dass ein Service wertschöpfend (delivering value) für den

Kunden sein muss. Unabhängig davon, wie eine Organisation den Begriff „Service" für sich definiert hat, muss die Wert-schöpfung für den Kunden im Vordergrund stehen. Es gibt keine Service-Erbringung zum Selbstzweck.

2.3 Anwender und Kunde – eine Definition

Der Service-Anwender ist in ITIL eine Rolle bzw. Instanz, die einen bereitgestellten Service einsetzt, um mit dessen Hilfe geschäftliche Aufgaben durchzuführen. Der Service-Anwender kann mit dem Service-Kunden identisch sein. Das Wort Service-Kunde ist gkeichbedeutend: Nutzer, Benutzer, Anwender, User, Service User, Service-Konsument, Service-Verbraucher, Service Consumer. Die Kontaktstelle für den Anwender ist der Service Desk.

Der Service-Kunde ist in ITIL eine Rolle bzw. Instanz, die Anforderungen an Services formuliert und kommuniziert, Services aus dem Angebot eines Service Providers auswählt, die zugehörigen Service Level Agreements verhandelt und verbindlich beauftragt. Der Service-Kunde verfügt über das Budget für die Service-Beauftragung und veranlasst, dass die Services den Nutzern in seinem Zuständigkeits-bereich bereitgestellt werden. Des Weiteren regelt er alle laufenden vertraglichen Angelegenheiten, die Kontrolle der Service-Bereitstellung bei den Nutzern und die Bezahlung der erbrachten Services. Der Service-Kunde ist häufig selbst auch ein Service-Nutzer. Gleichbedeutend: Kunde, Customer, Service Customer, Service-Nachfrager.

2.4 Was ist der Service Lifecycle?

ITIL betrachtet Service Management aus der Perspektive des Lebenszyklus (Lifecycle) eines Services. Der Service Lifecycle ist ein organisatorisches Modell, das Einblick gewährt in:

- die Struktur von Service Management
- den Weg, der verschiedene Lifecycle-Komponenten miteinander verbindet
- die Auswirkung, die eine Änderung an einer Komponente auf eine andere Komponente oder das ganze Lifecycle-System haben kann

Demnach fokussiert sich ITIL auf den Service Lifecycle sowie die Weise, wie Service Management-Komponenten verbunden sind (siehe 2.10 „Die fünf Phasen des Service Lifecycle von ITIL v3").

2.5 Was ist ein Prozess?

Ein Prozess ist eine sachlogisch zusammenhängende Reihe von zielgerichteten Aktivitäten zur Erreichung eines definierten Ergebnisses und verursacht Kosten durch den Verbrauch von Ressourcen.

Die Merkmale eines Prozesses sind:

• Ziel
• Input (Auslöser)
• Aktivitäten (Tätigkeiten)
• Output (Ergebnis)
• Bedingungen (soziales Umfeld)
• Qualität (Leistungsindikatoren)

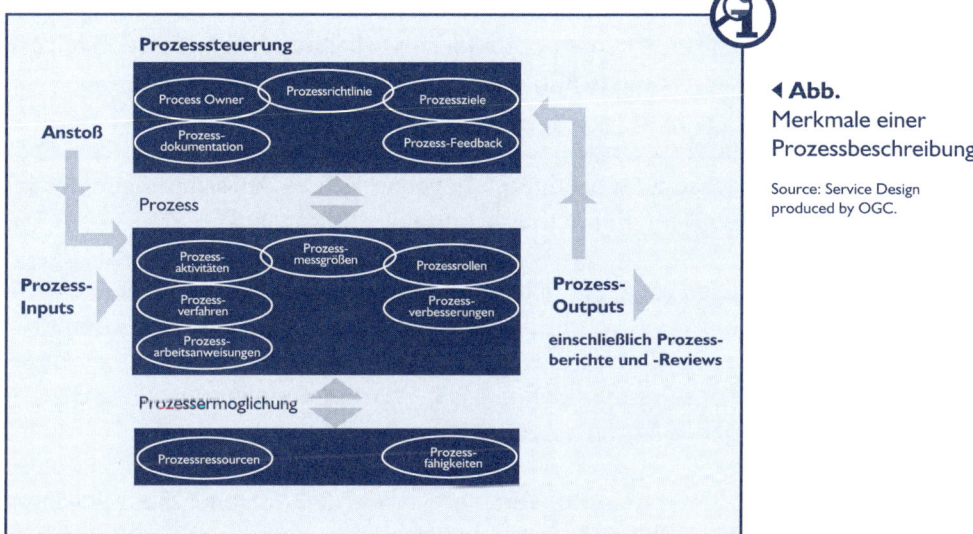

◄ **Abb.**
Merkmale einer
Prozessbeschreibung

Source: Service Design
produced by OGC.

2.6 Wie werden ITIL®-Prozesse gestaltet?

„Prozessmodelle", „Prozessgestaltung" und „Prozessoptimierung" sind Begriffe, die im Sprachgebrauch jedes Managers zu finden sind. Doch wie werden die Anforderungen in die betriebliche Praxis umgesetzt? Prozessmodelle müssen für die Mitarbeiter eines Unternehmens nachvollziehbar, lesbar und verständlich strukturiert sein. Darüber hinaus dürfen die operativen Handlungsspielräume nicht eingeengt werden.

Um wettbewerbsfähig zu bleiben, ist es für IT-Manager unerläßlich, ihre Organisation permanent anzupassen und diese dabei noch effektiver und gleichzeitig kostengünstiger zu gestalten. Diese Herausforderung lässt sich durch die Einführung übergreifender Prozesse z. B. auf Basis des Best Practice-Ansatzes ITIL lösen.
Diese Prozesse optimieren vorhandene Abläufe und steigern die Produktivität.

Jede IT-Organisation muss sich deshalb zum Ziel setzen, Prozesse zu erarbeiten, die genau auf die Anforderungen des jeweiligen Einsatzbereiches abgestimmt sind.

Die Frage, die sich in der Praxis immer wieder stellt, ist: „Wie kommen wir zu den brauchbaren und für uns sinnvollen Prozessen?" Um dies zu erreichen, ist eine strukturierte Vorgehensweise im Rahmen der Prozessmodellierung eine grundlegende Voraussetzung.

Zum besseren Verständnis werden folgend die relevanten Grundbegriffe näher erläutert.

2.6.1 Prozessmodell
Prozessmodelle sind integrierte und hierarchisch strukturierte Prozessketten, die eine Integration von Prozessaktivitäten und Organisationsstrukturen (Rollen und Verantwortlichkeiten) über zuvor definierte Ebenen aufzeigen.

2.6.2 Prozessmodellierung

Prozessmodellierung ist die systematische Analyse, die einheitliche Erfassung und Darstellung aller relevanten Tätigkeiten (Prozessaktivitäten), Abhängigkeiten und Ressourcen, die bei der Ausführung eines Prozesses wesentlich sind. Eine Prozessmodellierung setzt in der Praxis auf einer hierarchischen Vorgehensweise auf, d. h., auf Basis von High-Level-Prozessen werden detaillierte Subprozesse erarbeitet.

Hat sich die IT-Organisation eines Unternehmens zum Ziel gesetzt, ihre internen Abläufe auf der Basis von ITIL auszurichten, reicht es nicht, zu einem Modellierungswerkzeug zu greifen und ein paar Aktivitäten zusammenzustellen. Um wirklich erfolgreich zu sein und praxistaugliche Prozesse zu modellieren, bedarf es vielmehr der Erarbeitung der Prozessmodelle im Team.

Nur durch das Zusammenführen des Knowhows der Mitarbeiter aus den Kernbereichen der IT, für die die Prozesse „designed" werden sollen, können die Grundlagen dafür geschaffen werden, dass Prozesse eine spürbare Effizienzsteigerung mit sich bringen und damit verbunden einen entsprechenden Mehrwert für die IT-Organisation.

Der entscheidende Faktor hierbei ist eine methodische und strukturierte Vorgehensweise, die im Rahmen der Prozessmodellierung ein erhebliches Augenmerk auf die Erarbeitung der Prozessmodelle wirft und das Wissenspotential der jeweiligen Mitarbeiter in den Fokus stellt.

Bei der Prozesseinführung sollte folgende Vorgehensweise eingehalten werden:

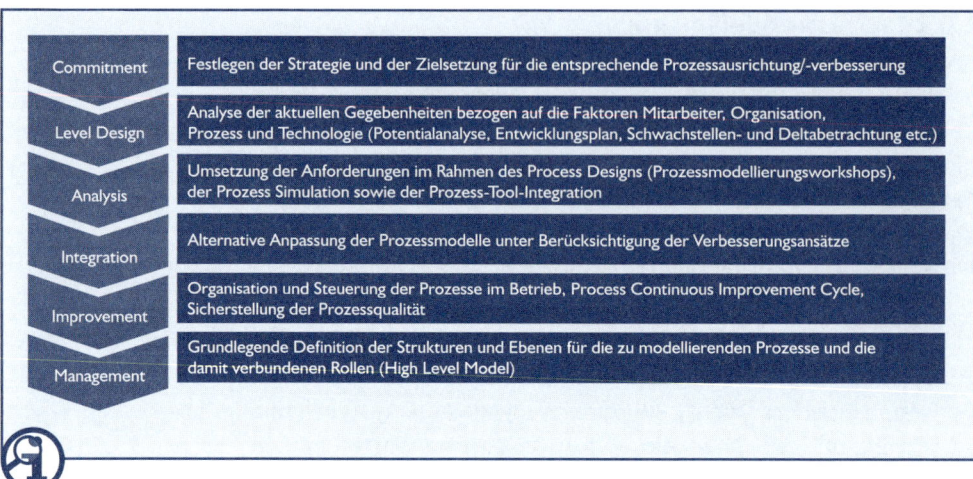

Abb. ▲
Vorgehensmodell zu
Prozesseinführung
und Optimierung

Es ist in diesem Zusammenhang sehr wichtig, dass gerade in der Integrationsphase – das ist die Phase, in der die Prozesse erarbeitet werden und die Umsetzung der Prozesse in Prozessmodelle mittels geeigneter Werkzeuge erfolgt – die „Key Player" der IT-Organisation eingebunden werden und mit ihrem Know how erheblich zu den Ergebnissen beitragen. Der zentrale Baustein sind hier Prozessmodellierungs-Workshops, die auf Basis eines moderierten Ansatzes erfolgen und in iterativen Schritten zu den gewünschten Prozessmodellierungsergebnissen führen.

Dabei sollte das Augenmerk nicht auf einer 100-%-Lösung liegen, sondern vielmehr auf einer soliden Lösung als Einstieg in die Implementierung. Eine weitere Verfeinerung sowie der weitere Ausbau sollte dann im Rahmen der kontinuierlichen Prozessverbesserung angestrebt werden.

Die folgende Abbildung gibt Einblicke in die zu berücksichtigenden Rahmenbedingungen der Planung und Durchführung von Prozessmodellierungs-Workshops:

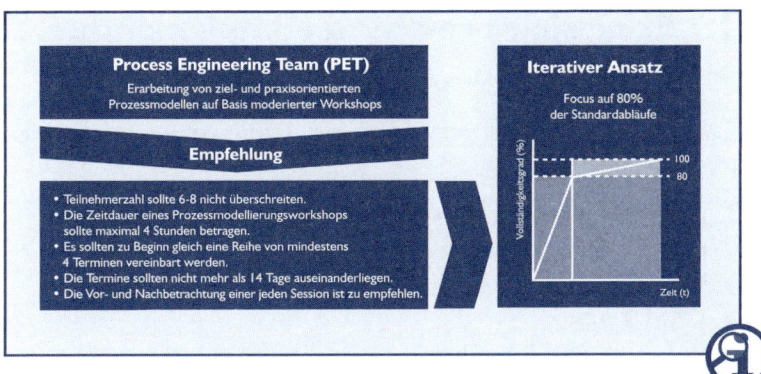

Zusammenfassung:

Tipps für eine erfolgreiche Prozessmodellierung:

- Frühzeitiges Einbinden des Managements in die Vorgehensweise (Steuerung der Erwartungshaltung, der Ressourcen, des Budgets etc.) – Suchen eines Sponsors
- Bildung von Prozessmodellierungs-Teams - denn Prozesse müssen von Menschen gelebt werden
- Bildung von Teams mit angemessener Teamstärke
- Moderation der Workshops zur Prozessmodellierung durch eine neutrale Person
- Vorherige übergreifende Festlegung des Umfangs und des Detaillierungsgrades
- Festlegung von Standards und Rahmenbedingungen (z. B. zu verwendende Prozess-Symbole etc.)
- Nicht zu viele verschiedene Objekttypen (Symbole) verwenden
- Iterativer Ansatz – kleine regelmäßige Schritte
- Bereits zum Start den Ansatz des Process Continuous Improvement verfolgen
- Nicht direkt mit einem Prozessmodellierungs-Tool anfangen.

2.7 Erfolgsfaktoren für die Implementierung von Service Management

Die sechs Erfolgsfaktoren für die Einführung von Service Management mit ITIL:

1. Geschäftsprozesse der IT-Kunden
2. Kunden & Anwender der IT
3. Mitarbeiter & Management der IT
4. ITSM Toolset
5. Kultur- & Organisation
6. IT-Prozessmodell

Abb. 1 ▶
Die sechs Erfolgs-
faktoren für die Ein-
führung von Service
Management mit ITIL

ITIL hat zum Ziel, die Kerngeschäftsprozesse (1) der Kunden (2) durch entsprechend ausgerichtete IT Services zu unterstützen. Im Gegensatz zum Anwender, der die Services der IT zur Erfüllung seiner Arbeit nutzt, ist der Kunde derjenige, der die Services in Zusammenarbeit mit dem Service Level Management definiert und auch bezahlt. Für diese beiden Gruppen von IT-Kontakten gibt es bei ITIL dedizierte Schnittstellen. Für den Kunden ist dies das Service Level Management. Für die Anwender steht der Service Desk als Single Point of Contact zur Verfügung.

Wichtig bei Beginn einer Implementierung ist das Ausformulieren des „Anstoßes des Handelns", der eine ehrliche Aussage über die derzeitige Situation und die kommenden

Veränderungen für die IT-Mitarbeiter (3) und den Verantwortlichen beinhaltet sowie auch die Folgen (z. B. Kosten)
des Nichtstuns darstellt. Gerade bei der Einführung von „neu-
en" Service Management Prozessen steht der IT-Mitarbeiter
(3) im Mittelpunkt des Interesses. Hierbei geht es darum,
Ängste und Unsicherheiten durch klare Botschaften zu nehmen.
Durch ein ITSM-konformes Tool (4), welches die ITSM-Ter-
minologie und dessen Workflows sauber abbildet (siehe SER-
VIEW CERTIFIED TOOL), und den Ansatz der Einführung in
kleinen Schritten steigt die Akzeptanz der beteiligten IT-Mitarbeiter ebenfalls.

Zusätzlich ist eine auf die Dauer der Implementierung ange-
legte ITSM-Awareness-Kampagne durch einen glaubwürdigen
Vermittler unverzichtbar. Bezüglich der künftigen Prozessorganisation (5) ist auch die Herangehensweise an die Implementierung von Service Management mit ITIL (6) von ent-
scheidender Bedeutung.

Nur wenn diese sechs Erfolgsfaktoren gleichermaßen berücksichtigt werden, wird sich ein messbarer Nutzen von Service
Management einstellen.

Das Vorgehensmodell zur Implementierung von IT Service
Management auf Basis von ITIL finden Sie auf Seite 18.

Best Practice

Warum prozessorientierte IT-Organisation?

In IT-Service Management Projekten ist die zukünftige Prozessorientierung der IT-Organisation als Ziel vom Management vorgegeben und kommuniziert.
Dennoch erzeugen solche Projekte Widerstand bei den Mitarbeitern und, in der konkreten Umsetzung, auch beim IT-Management. Die Qualität der Umsetzung leidet oft darunter. Die erwarteten Effekte setzen nicht ein.

Eine prozessorientierte IT-Organisation ist mehr als eine dokumentierte Ablauforganisation. Die Ziele, die mit einer Prozessorientierung verfolgt werden, liegen oft in dem Bestreben, die Kundenorientierung zu optimieren und die dafür notwendige Flexibilität und Anpassungsfähigkeit der IT-Organisation zu verbessern. Durch eine entsprechende Prozessorganisation soll die Konzentration auf wertschöpfende und damit vom Kunden honorierte Aktivitäten verstärkt werden. Prozessorientierung verspricht eine einfachere Administration und Koordination und damit eine bessere Beherrschung der Arbeitsabläufe. Sie erfordert eine klare Zuordnung von Prozessverantwortung und die Messung der Erreichung der Prozessziele.

Die Ursachen für die Widerstände liegen in den Auswirkungen, die ein solcher Wandel auf die Menschen und die Kultur der Organisation hat. Die entstehenden Widersprüche und Konflikte müssen vom IT-Management erkannt und durch entsprechende Maßnahmen gelöst werden.

Die Grafiken verdeutlichen die gegensätzlichen Ansätze der unterschiedlichen Organisationsformen. Jede IT-Organisation muss für sich den optimalen Zustand erkennen und einstellen.

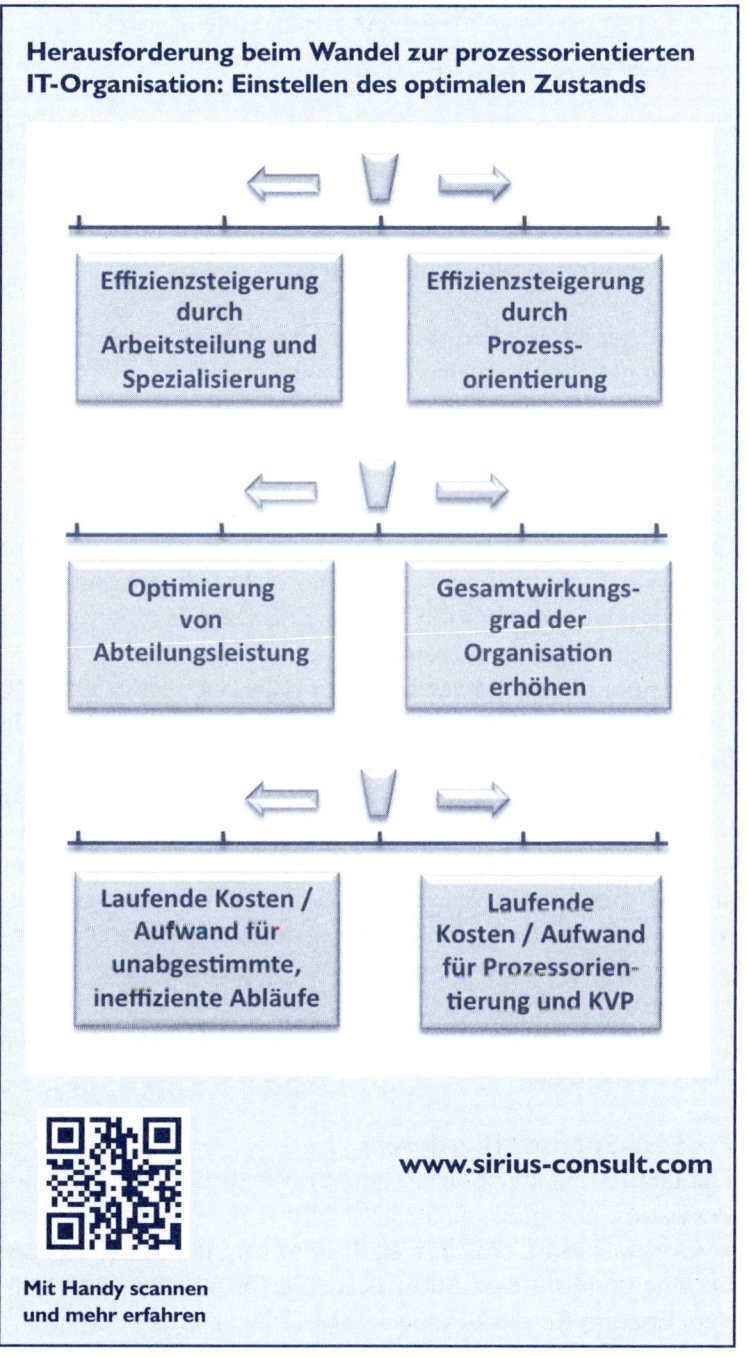

Herausforderung beim Wandel zur prozessorientierten IT-Organisation: Einstellen des optimalen Zustands

Effizienzsteigerung durch Arbeitsteilung und Spezialisierung

Effizienzsteigerung durch Prozess-orientierung

Optimierung von Abteilungsleistung

Gesamtwirkungs-grad der Organisation erhöhen

Laufende Kosten / Aufwand für unabgestimmte, ineffiziente Abläufe

Laufende Kosten / Aufwand für Prozessorien-tierung und KVP

www.sirius-consult.com

Mit Handy scannen und mehr erfahren

2.8 Das notwendige Rollenmodell für Service Management

Die Aufgabenverteilung im ITIL-Prozessmodell basiert auf der Definition von Rollen, die sich durch im Prozess dokumentierte Aufgaben, Kompetenzen und Verantwortlichkeiten kennzeichnen. Die Linienorganisation im Unternehmen ist häufig hierarchisch-funktional aufgestellt.

Es existieren in den einzelnen Unternehmensbereichen Abteilungen, hier wiederum Gruppen, Teams etc., deren Aufbau sich an den funktionalen Schwerpunkten oder fachlichen Aufgaben orientiert. Innerhalb dieser Organisationsstruktur sind auch die fachlichen Führungsfunktionen definiert. Dieses klassische Modell einer Aufbauorganisation stößt in der IT-Organisation an seine Grenzen, da im Service Management die Service-End-to-End-Sicht häufig nicht entsprechend abgebildet werden kann. Ein Service erfordert das Interagieren mehrerer IT-Bereiche (zum Beispiel Serverteam, Netzwerkteam, Application, Service Desk etc.), die reibungslos über die Bereichsgrenzen hinweg miteinander kooperieren müssen. In der Praxis hat es sich im Rahmen der Einführung von ITIL-Prozessen bewährt, parallel zur Linienorganisation eine Ebene im Organisationsmodell einzuführen, die diese Anforderungen erfüllt, gewissermaßen horizontal zu den bestehenden hierarchischen Strukturen. Ein solches, auf Rollen basierendes Schema sorgt für eindeutig definierte Verantwortlichkeiten, Kompetenzen und Aufgaben im Arbeitsablauf und ermöglicht das Schaffen von Schnittstellen über die Bereichsgrenzen hinweg. ITIL definiert für jeden Prozess grundsätzlich folgende Rollen im Prozessmodell:

Prozess-Sponsor (Förderer)

Die Einführung, der Betrieb und die Weiterentwicklung eines Prozesses erfordern finanzielle Mittel. Die Rolle des Prozess-Sponsors ist definiert als Instanz zur Bereitstellung der benötigten Mittel und Autorisierung erforderlicher Investitionen. Er sorgt für die kontinuierliche „Management Attention" und fungiert häufig als Auftraggeber und Förderer der Implementierung eines oder mehrerer Service Management-Prozesses.

Prozess-Owner (Ergebnisverantwortlicher)

Der Prozess-Owner ist verantwortlich für das Design und die Weiterentwicklung seines Prozesses. Er schafft die Rahmenbedingungen und sorgt für die Qualitätssicherung der Arbeitsabläufe. Sein Fokus liegt auf der kontinuierlichen Verbesserung der Workflows. Er ist gewissermaßen der Stratege seines Prozesses und legt Messpunkte zur Ermittlung von Leistungsindikatoren (Key Performance Indicators) fest.

Prozess-Manager (Durchführungsverantwortlicher)

Der Prozess-Manager ist verantwortlich für den täglichen Betrieb seines Prozesses. Er sorgt für die Einhaltung der definierten Arbeitsabläufe. Der Prozess-Manager ist außerdem verantwortlich für die Erhebung und das Reporting der Leistungskennzahlen. Er fungiert in der Prozessorganisation als Ansprechpartner und Eskalationsinstanz für die Prozess-Performer (Prozessteam). Darüber hinaus übernimmt er je nach Prozess weitere Schlüsselaufgaben im Prozessablauf, die er gegebenenfalls delegieren kann.

Prozess-Performer (Mitwirkende)

Die Prozess-Performer repräsentieren Mitarbeiter, die bestimmte Aktivitäten im Rahmen des Prozessablaufes übernehmen. Sie berichten an den Prozess-Manager im Rahmen der definierten Prozessabläufe.

Prozess-Coach (Beratender)

Der Prozess-Coach steht den anderen Prozessrollen als aktiver Gesprächspartner zur Seite und leitet diese mit seinen Erfahrungen zu den gesetzten Zielen. Den Prozess-Coach sollte es auf strategischer (für den CIO), auf taktischer (für das IT Management und die Projektleiter) und auf operativer Ebene (für die Projektmitarbeiter) geben.

Ergänzende Rollen

Darüber hinaus ist dieses Modell durch die Einführung weiterer Rollen wie z. B. Prozesskoordinatoren, Prozess Controller und Chief Process Officer (CPO) erweiterbar. Durch die Entkoppelung der Linienfunktionen der definierten Rollen im Prozessmodell ergibt sich eine hohe Flexibilität der Prozessorganisation, die auf nahezu jede bestehende Organisationsform und -größe anwendbar ist und auch Veränderungen in der Aufbauorganisation mittragen kann, indem praktisch ein zusätzlicher Layer eingeführt wird. Voraussetzung für die Besetzung der Rollen ist ein klares Verständnis der durchzuführenden Aktivitäten und die daraus resultierenden Anforderungen an die Fähigkeiten der jeweiligen Personen. Hierfür müssen Rollenbilder definiert werden, anhand derer die Besetzung jeder Rolle vorgenommen werden kann. Die Zuordnung von Rollen zu den Personen in der Linienorganisation muss keinesfalls „eins zu eins" erfolgen. Es ist durchaus möglich, einer Person mehrere Rollen zuzuordnen (z. B. bei kleineren Organisationen) oder auch eine Rolle auf mehrere Personen zu verteilen (in großen Organisationen). In der Praxis ist beispielsweise häufig bei kleinen bis mittleren Organisationen die Abbildung der Rollen von Prozess-Owner und Prozess-Manager in einer Person anzutreffen. Mitarbeiter können zu verschiedenen Zeiten unterschiedliche Rollen von verschiedenen Prozessen ausfüllen.

Eine Person kann z. B. zu einem Zeitpunkt Aktivitäten im Rahmen des Incident Management-Prozesses übernehmen, zu einem anderen Zeitpunkt übernimmt derselbe Mitarbeiter Aktivitäten aus dem Problem Management. Dieser Mitarbeiter hat folglich die Rolle des Prozessteam-Mitgliedes in zwei Prozessen. Der Vorteil der hohen Flexibilität einer auf Rollen basierenden Prozessorganisation parallel zur bestehenden Linienorganisation setzt jedoch voraus, dass das Thema Verantwortlichkeiten klar geregelt und kommuniziert wird, um Reibungspunkte durch Kompetenzunklarheiten zu vermeiden. Dies bedeutet aber auch, dass ITIL im Kontext der Einführung einer IT-Prozessorganisation über den Fokus eines IT-Projektes hinausgeht. Insofern ist ITIL weit mehr als ein IT-Thema: ITIL ist ein Organisationsthema.

2.9 Was ist eine Funktion?

Eine Funktion in der Organisation stellt einen abgegrenzten Aufgaben- und Verantwortungsbereich innerhalb einer Organisationsstruktur dar. Im Organigramm einer funktionalen Organisation findet sich die Funktion als Element der Aufbauorganisation wieder. Man spricht auch von einem Team oder einer Gruppe von Personen, die eingesetzt werden, um einen oder mehrere Prozesse oder fachliche oder prozessuale Aktivitäten durchzuführen. Ein Beispiel hierfür ist der Service Desk oder die Abteilung Mainframe.

2.10 Die fünf Phasen des Service Lifecycle von ITIL®

Die Architektur der Kernpublikationen in ITIL basiert auf dem Service Lifecycle. Im Rahmen des Service Lifecycle wird eine Phase pro Buch abgebildet. Die verwandten Prozesse werden im Detail in dem Buch beschrieben, in dem man die Schlüsselanwendung findet.

Die Struktur kann als ein „organisiertes" Framework verstanden werden. Denn Prozesse beschreiben, wie Dinge durchgeführt werden, der Service Lifecycle beschreibt die Beziehungen der einzelnen Phasen bezüglich der Prozesse zueinander.

Der Service Lifecycle-Ansatz unterstützt die Struktur des „systembezogenen" Service Management und schafft damit die notwendige Flexibilität und Dynamik, die Grundvoraussetzung dafür sind, schnell auf geforderte Änderungen aus Sicht des Service Management reagieren zu können. Innerhalb jeder einzelnen Phase des Service Lifecycle befinden sich Serviceprozesse und notwendige Funktionen.

Die fünf Phasen (Kernpublikationen/Core Books) sind:
1. Service Strategy
2. Service Design
3. Service Transition
4. Service Operation
5. Continual Service Improvement

Die Ausrichtung der Serviceprozesse und -funktionen an dem Service Lifecycle ist eine unabdingbare Voraussetzung, um den Kunden der IT die entsprechenden Werte und Wertschöpfungsanteile der IT-Services liefern und aufzeigen zu können.
Das Ziel der Ausrichtung auf Basis eines Service Lifecycle ist, größere Dynamik und Flexibilität in der Definition von Märkten und Services zu erzielen und somit entlang des Lebenszyklus eines Services den Kunden stets die benötigten Mehrwerte liefern zu können.

Man spricht bei dem Service Lifecycle-Ansatz auch von dem Fünf-Phasen-Modell oder „the five stages model", wobei man unter grundlegenden strukturellen Gesichtspunkten Service Strategy und Continual Service Improvement (CSI) nicht als eine Phase bezeichnen kann. Diese beiden Aspekte sind vielmehr begleitende und iterativ wiederkehrende Themengebiete, die erneut innerhalb der Phasen Service Design, Service Transition und Service Operation relevant werden.

Die Lebenszyklusannäherung ahmt die Wirklichkeit der meisten Organisationen nach, in denen wirksames Management den Gebrauch des vielfachen Controlling grundlegend verlangt.

2.11 Die Prozesse und Funktionen von ITIL® im Überblick

Service Design
- Service Catalogue Mgmt.
- Capacity Management
- Availability Management
- IT Service Continuity Mgmt.
- Information Security Mgmt.
- Supplier Management
- Service Level Management

Service Strategy
- Definieren des Marktes
- Entwickeln der Angebote
- Entwickeln der strategischen Assets
- Vorbereitende Tätigkeiten zur Ausführung

Service Economics
- Financial Management
- Return on Investment
- Service Portfolio Mgmt.
- Demand Management

Service Operation
- Event Management
- Incident Management
- Request Fulfilment
- Problem Management
- Access Management

Service Operation

Continual Service Improvement

Abb. ▶
Prozesse und Funktionen von ITIL v3

Source: Service Strategy produced by OGC.

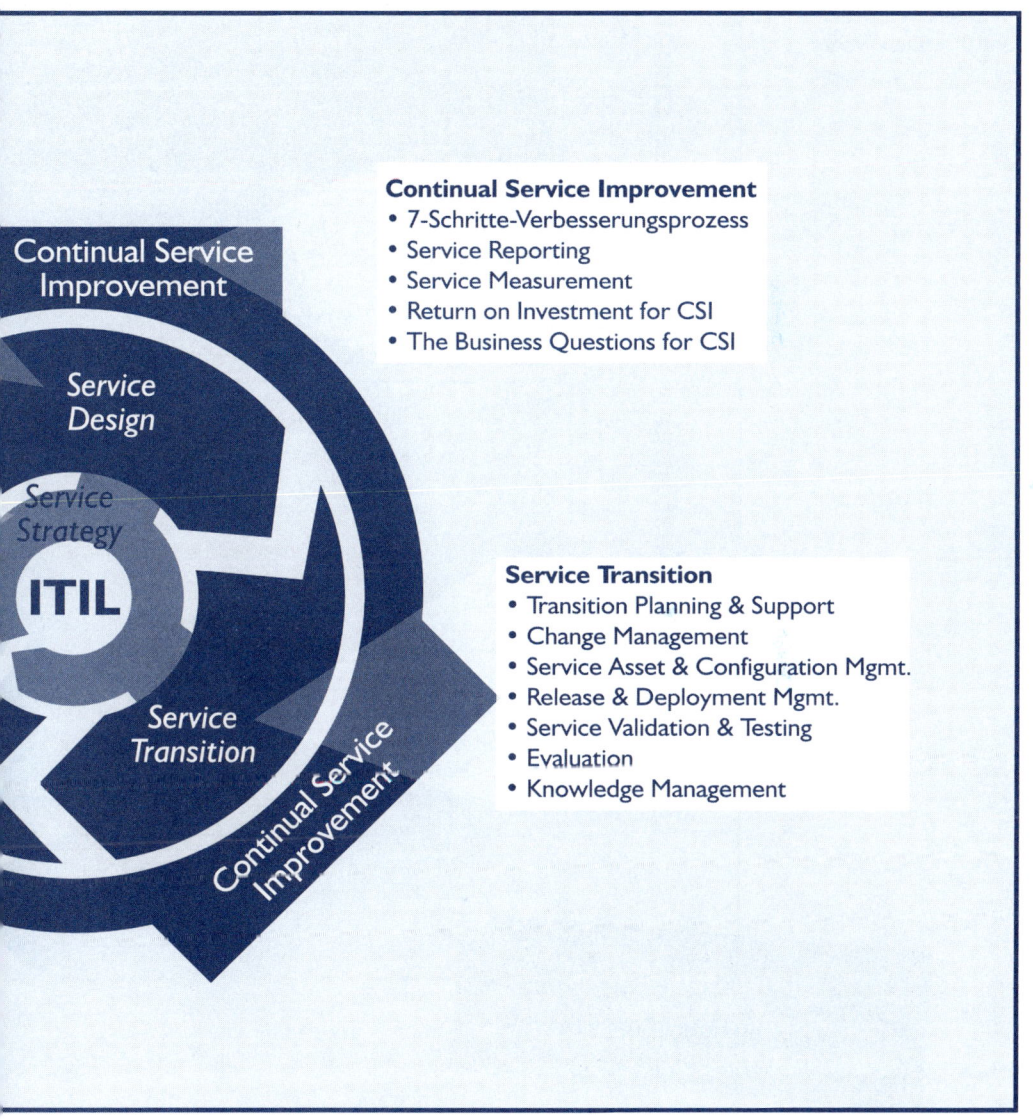

Continual Service Improvement
- 7-Schritte-Verbesserungsprozess
- Service Reporting
- Service Measurement
- Return on Investment for CSI
- The Business Questions for CSI

Service Transition
- Transition Planning & Support
- Change Management
- Service Asset & Configuration Mgmt.
- Release & Deployment Mgmt.
- Service Validation & Testing
- Evaluation
- Knowledge Management

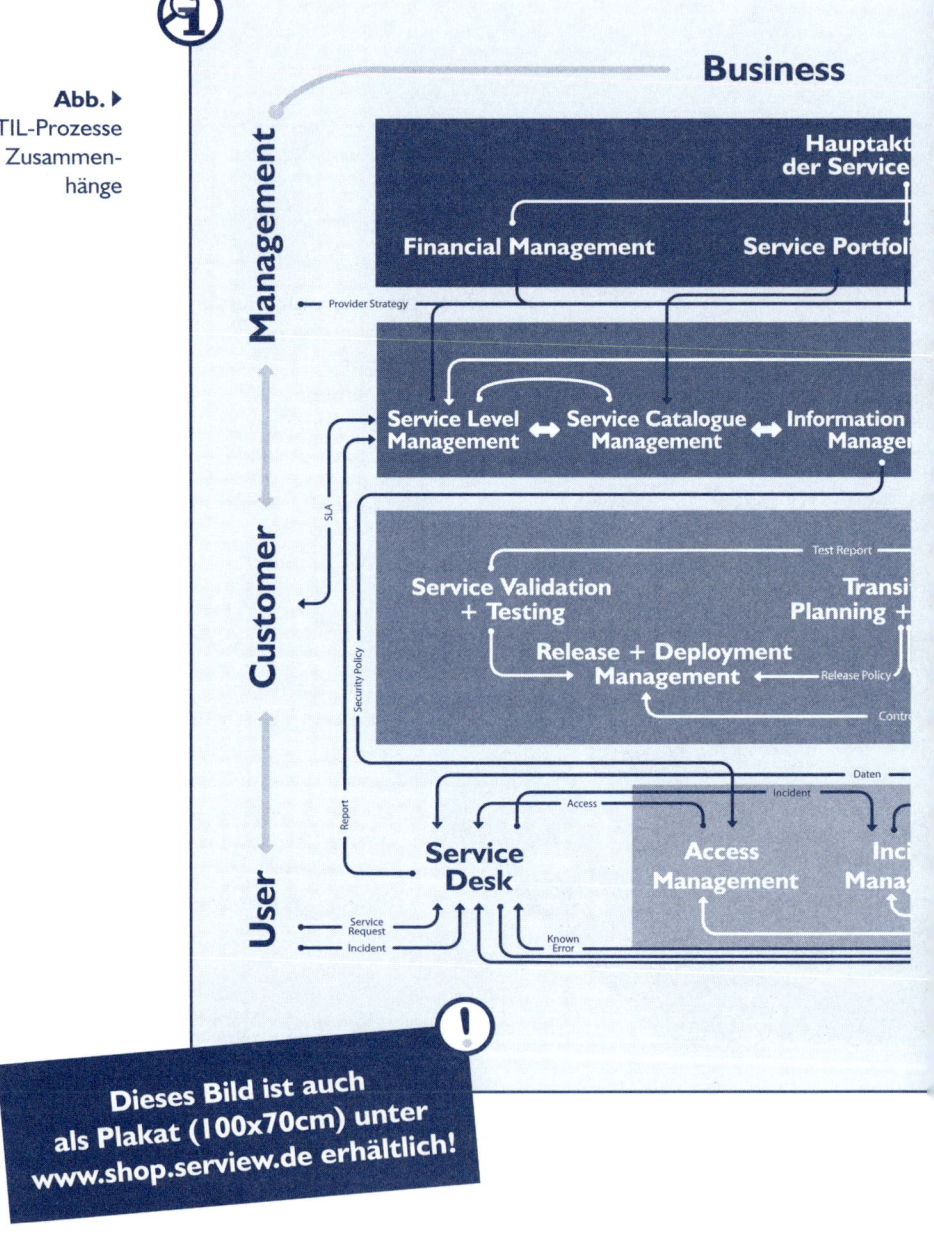

Abb. ▶
Die ITIL-Prozesse
und ihre Zusammen-
hänge

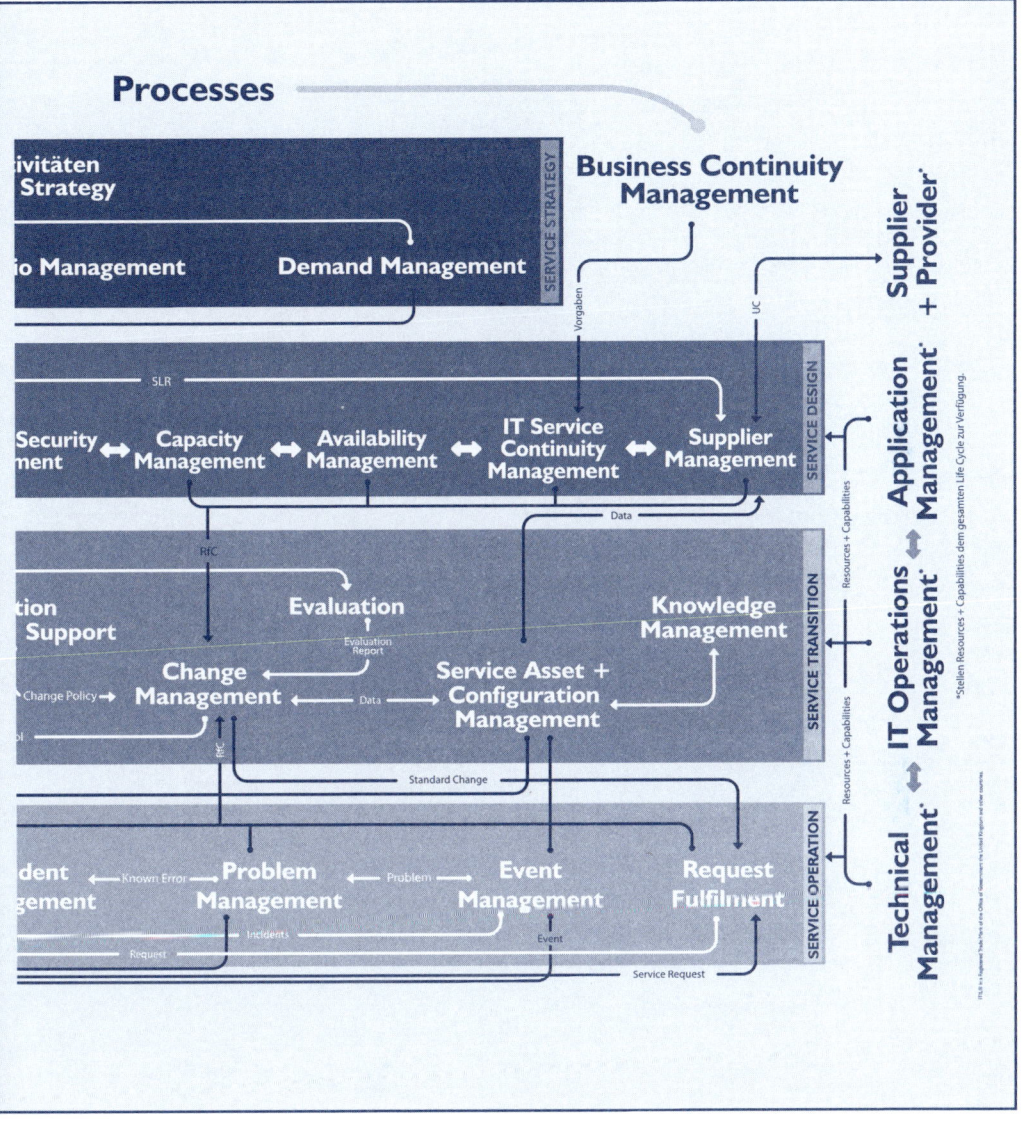

Processes

SERVICE STRATEGY

ivitäten
Strategy

Business Continuity Management

io Management   **Demand Management**

Vorgaben

UC

Supplier + Provider*

SERVICE DESIGN

SLR

Security
ment ⟷ **Capacity
Management** ⟷ **Availability
Management** ⟷ **IT Service
Continuity
Management** ⟷ **Supplier
Management**

Application Management*

*Stellen Resources + Capabilities dem gesamten Life Cycle zur Verfügung.

Data

Resources + Capabilities

SERVICE TRANSITION

RfC

tion
Support **Evaluation**

Evaluation Report

**Knowledge
Management**

Change Policy **Change
Management** ⟵ Data ⟶ **Service Asset +
Configuration
Management**

IT Operations Management*

RfC

Standard Change

Resources + Capabilities

SERVICE OPERATION

dent
gement ⟵ Known Error ⟶ **Problem
Management** ⟵ Problem ⟶ **Event
Management** **Request
Fulfilment**

Incidents

Request

Event

Service Request

Technical Management*

*ITIL® is a Registered Trade Mark of the Office of Government Commerce in the United Kingdom and other countries.

3. KAPITEL

SERVICE STRATEGY

3.1 Einführung in Service Strategy

Service Strategy gibt eine kompakte und konkrete Basis für die strategische Bewertung und Grundausrichtung von IT Service Providern und deren Services zur Unterstützung des Business. Die IT hat sich von einer operativen hin zu einer strategischen Organisation entwickelt, u. a. mit dem Ziel, einen wirtschaftlichen und qualitativen Mehrwert für das Business zu erreichen. Gefordert ist das Denken in strategischen Service Assets als Basis für eine wettbewerbsfähige Serviceorganisation, die Mehrwerte für das Business ihrer Kunden und Stakeholder erzeugt.

Service Strategy stellt Richtlinien und Grundlagenstrukturen für das Design, die Entwicklung und die Implementierung von Service Management zur Verfügung. Dies geschieht nicht nur aus Sicht der organisatorischen Möglichkeiten und Fähigkeiten, sondern es werden auch die übergreifenden Konzepte für die Entwicklung von strategischen Assets betrachtet.

Die Handlungsanleitungen von Service Strategy zeigen auf, wie Service Management in ein strategisches Asset überführt werden kann. Somit stellt die IT einen strategischen Wert für das Business dar. Mit Service Strategy wird das Service Management in den erforderlichen strategischen Zusammenhang gestellt. Service Strategy vertritt einen Best Practice-Ansatz für die Strategieentwicklung und -umsetzung. Durch den geschlossenen Kreislauf und Lifecycle-Ansatz muss IT Service Management ganzheitlich betrachtet und behandelt werden. Es wird zukünftig nicht mehr ausreichen, sich auf einzelne ITSM-Bereiche zu konzentrieren.

Der geschäftliche Mehrwert ergibt sich aus den übergreifenden strategischen und wirtschaftlichen Betrachtungen bezüglich Service Management und den strategischen Assets.

Zielsetzung
• Fokussierung auf praktische und übergreifende Ansätze des Service Management

- Definieren und Implementieren von Strategien
- Definieren und Überwachen der wirtschaftlichen Aspekte von Services und Service Management
- Definition von Standards und Richtlinien zum Design, zur Entwicklung und Implementierung von Service Management
- Organisatorische Möglichkeiten
- Strategische Assets

Den umsetzungsrelevanten Anstoß im Rahmen der Service Strategy bildet die Betrachtung der IT-Strategien. Daraus wird das mögliche Portfolio bzw. werden Services bezogen auf zu analysierende Kunden- und Marktgruppen abgeleitet.

Die Fragestellungen in dieser Phase zielen mit ihren Schwerpunkten auf die übergreifenden strategischen Grundbetrachtungen von Kunden, Märkten, der Wertschöpfung, von Investitionsgrundlagen, des Portfolios etc. ab und verdichten sich mit der konkreten Umsetzung in darauf folgenden Phasen des Lifecycle.

Folgende zentrale Fragestellungen sind relevant für eine erste Einschätzung und Bewertung:

- Welche Services sollen wem angeboten werden?
- Wie kann sich ein Service Provider von seinen Konkurrenten unterscheiden?
- Wie kann tatsächlicher Mehrwert für die Kunden generiert werden?
- Wie können Mehrwerte für die Stakeholder gesichert werden?
- Wie können strategische Investitionen im Service Management begründet werden?
- Wie kann mit Financial Management die Kontrolle über den Wertschöpfungsprozess gesichert werden?
- Wie ist Servicequalität zu definieren?

Daraus resultiert die Feststellung, dass ein Business Case das zentrale Instrument im Rahmen der Phase Service Strategy darstellt. Mithilfe eines Business Case wird das Auftreten einer bedeutsamen Angelegenheit, die Informationen über Kosten, Nutzen, Optionen, Gefahren und mögliche Probleme beinhaltet, definiert und als ein grundlegender Einstieg in die notwendigen Entscheidungen, aber auch als konzeptioneller Startpunkt verwendet.

Der Business Case ist somit die geschäftliche Rechtfertigung bzw. der Anstoß des Handelns für Erweiterungen im Rahmen der IT-Strategie sowie des Service-Portfolios und im konkreten Ergebnis dann des Servicekatalogs.
Service Strategy gibt übergreifende Handlungsanleitungen für alle Arten von Service Providern.

Es sind aus Sicht von ITIL folgende Grundkonzepte zur Service-Erbringung („Sourcing-Modelle") beschrieben:

• Typ I: Interner Service Provider
• Typ II: Intern – gemeinsam genutzte Service Einheit, Shared Service Unit
• Typ III: Extern – externer Service Provider

3.2 Wichtige Grundbegriffe der Service Strategy

Die folgenden Begrifflichkeiten und Konzepte unterstützen den Kern der Betrachtung aus strategischer Sicht:

Value Composition (Das Werteangebot)
Value Composition bedeutet im strategischen Zusammenhang die ziel- und bedarfsgerechte Zusammenstellung der benötigten Service Assets oder auch der Komponenten für eine IT-seitige Unterstützung des Business basierend auf klar definierten Service Modelen.

Value Proposition (Zusammensetzung des Werts)
Value Proposition stellt den entsprechenden Wertebeitrag an der Wertschöpfung des durch den Service unterstützten Geschäftsprozesses dar. Der Anstieg der Wertschöpfung (Ausschnitt) stellt die „Anlaufphase" dar. Bis zum Abschluss einer Transition-Phase bewegt sich die Wertschöpfung ansteigend und bleibt anschließend in Bezug auf die Gesamtwertschöpfung für den Business-Prozess konstant (Ausschnitt fokussiert auf die Steigerungsphase).

Die folgende Abbildung stellt den Gesamtzusammenhang zwischen den beiden Betrachtungsweisen dar:

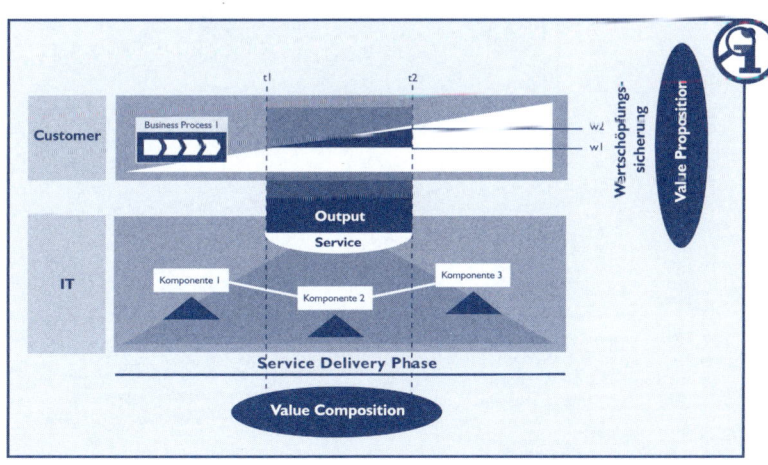

◀ **Abb.**
Value Proposition und Composition

Source: Service Strategy produced by OGC.

Der Wert eines Services kann immer nur vom Kunden beurteilt werden – d. h., dass die Kunden Services nach deren Brauchbarkeit/Nützlichkeit (Utility) und deren Gewährleistung/Zuverlässigkeit (Warranty) beurteilen.

Fit for purpose – Utility (Zweckmäßig)
Der Service reflektiert die Anforderungen des Kunden so, dass ein positiver Effekt bezüglich des Outputs entsteht. Ein positiver Output ist dann gegeben, wenn durch den Service die Performance des Geschäftsprozesses unterstützt wird oder Beschränkungen beseitigt werden.

Fit for use – Warranty (Einsatzfähig)
Die Servicestrukturen aus Sicht des Betriebs haben solche Ausprägungen, dass der Service auch stabil und sicher bereitgestellt werden kann, d. h. der Service verfügt über das richtige Maß an Verfügbarkeit, Kapazität, K-Fall-Vorsorge (Continuity) und Security.

Abb. ▶
Kundensicht auf
einen Service

Source: Service Strategy
produced by OGC.

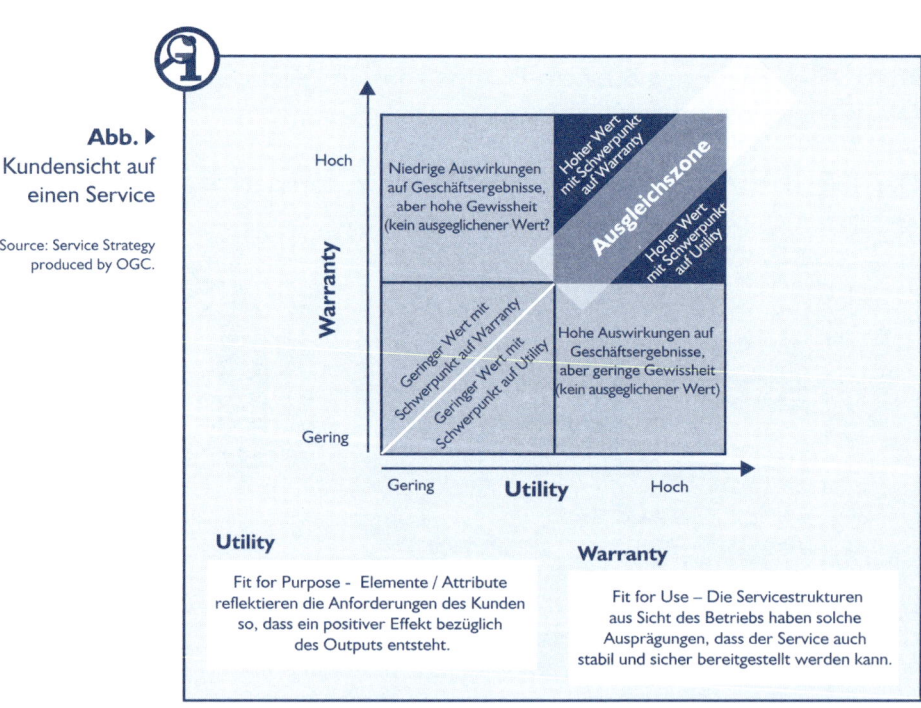

Utility

Fit for Purpose - Elemente / Attribute reflektieren die Anforderungen des Kunden so, dass ein positiver Effekt bezüglich des Outputs entsteht.

Warranty

Fit for Use – Die Servicestrukturen aus Sicht des Betriebs haben solche Ausprägungen, dass der Service auch stabil und sicher bereitgestellt werden kann.

Nur wenn die Utility UND die Warranty bereitgestellt werden, wird durch den Service aus Sicht des Kunden ein Mehrwert generiert.

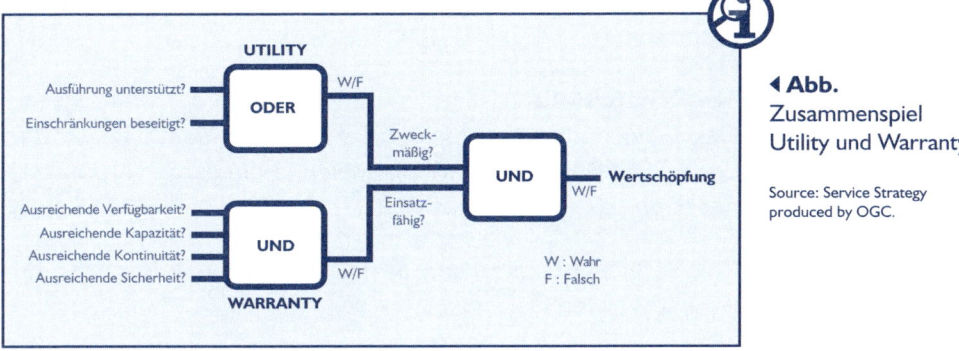

◀ **Abb.**
Zusammenspiel
Utility und Warranty

Source: Service Strategy
produced by OGC.

Market Space (Marktraum)

Market Space bezeichnet den Bewegungsrahmen für bestimmte Typen von IT Services, in dem definierte Kundenanforderungen die Relevanz und Nützlichkeit dieser Services für Service Provider als sinnvoll erscheinen lassen. Market Space bezeichnet außerdem die möglichen IT-Services, deren Bereitstellung sich der IT Service Provider zur Erfüllung der Anforderungen des Business vorstellen kann.

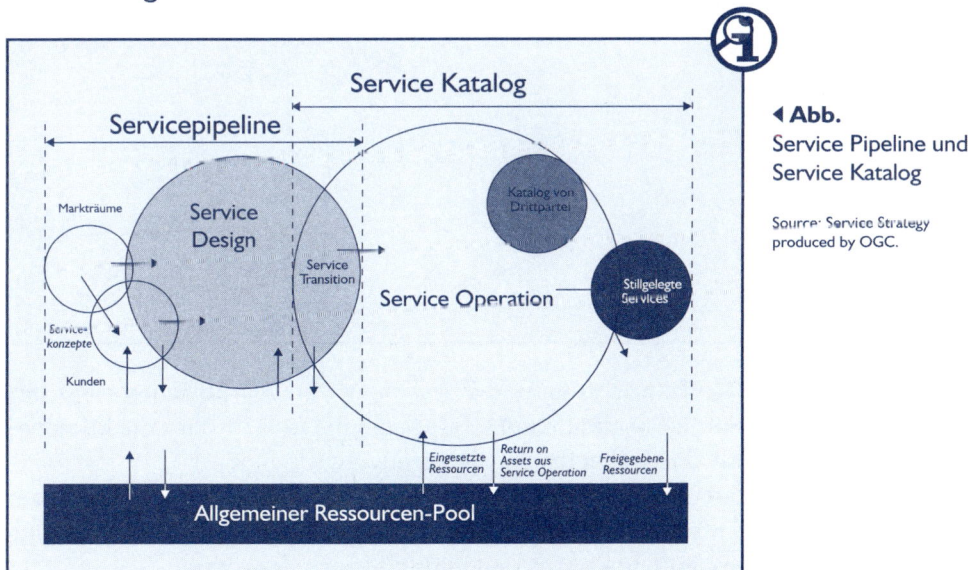

◀ **Abb.**
Service Pipeline und
Service Katalog

Source: Service Strategy
produced by OGC.

81

Wenn Services sich den Market Space teilen, werden sie auch die Fähigkeiten und Ressourcen, Kosten, Risiken und Herausforderungen für die Umsetzung und den Betrieb teilen und sollten somit einer gemeinsamen Betriebsverantwortung unterstehen.

Serviceportfolio
Das Serviceportfolio eines IT Service Providers spiegelt den Bedarf des Business/Kunden wider und die damit verbundene Reaktion des Service Providers.

Das Serviceportfolio kann in drei Schwerpunktbereiche unterteilt werden:

- Servicekatalog mit seinen standardisierten und operativ einsetzbaren Services
- Servicepipeline mit ihren geplanten, aber noch nicht umgesetzten Services oder Innovationen
- stillgelegte Services, die von dem aktiven „Set" an Serviceangeboten entkoppelt wurden und nicht mehr zum operativen Servicekatalog gehören

Abb. ▶
Design-Einschränkungen durch die Strategy

Source: Service Strategy produced by OGC.

Die Betrachtung und Zuordnung von Markträumen und des Serviceportfolios auf strategischem Level fördern die Effektivität durch den ganzen Service Lifecycle hindurch.
Sie erbringen u. a. den Mehrwert für die nachgelagerten Entscheidungen und Betrachtungen hinsichtlich der Planung im Service Design und in der Service Transition.

Servicemodelle

Servicemodelle schreiben die Service Strategy für einen Market Space fest. Sie sind „Blueprints" für Service Management-Prozesse und -Funktionen, um die Wertentwicklung und die damit verbundene Zusammenarbeit aus Sicht eines Service Providers zu beschreiben und auf dieser Ebene zu kommunizieren. Über Servicemodelle werden die benötigten Strukturen und dynamischen Elemente eines Services definiert. Servicemodelle werden in Hinblick auf Markträume und deren Charakteristiken gestaltet und beschreiben, wie Service Assets mit Kunden Assets interagieren und sich der angestrebte Wertschöpfungsanteil für ein gegebenes Vertragsportfolio Serviceportfolio ergibt.

Constraints (Beschränkungen)

Constraints sind Restriktionen bzw. Rahmenbedingungen, die den Gestaltungsspielraum zur Umsetzung von Business-Anforderungen beeinflussen. Diese Constraints können allgemeingültig, aber auch kundenspezifisch sein. Die innerhalb dieser Restriktionen möglichen Ausrichtungen ergeben den „Lösungsraum", also den Bereich, in dem man sich mit einer umsetzbaren Lösung bewegen kann.

Business Case (Anstoß des Handelns)

Der Business Case ist das zentrale Instrument im Rahmen der Phase Service Strategy. Mithilfe eines Business Case wird das Auftreten einer bedeutsamen Angelegenheit definiert. Der Business Case beinhaltet Informationen über wirtschaftliche Aspekte, Kosten, Nutzen, Optionen, Gefahren und mögliche Probleme und wird als ein grundlegender Einstieg in die Entscheidung, aber auch in den konzeptionellen Beginn verwendet.

Risk (Risiko)

ITIL definiert Risiko als ein mögliches Event, das zu einem Schaden oder Verlust führen oder das Erreichen von Zielen beeinträchtigen könnte. Ein Risiko wird anhand der Wahrscheinlichkeit einer Bedrohung, der Verwundbarkeit der Assets gegenüber dieser Bedrohung und der potenziellen Auswirkungen der Bedrohung im Rahmen eines Risk Assessments gemessen.

3.3 Die Prozesse der Service Strategy

Man unterscheidet innerhalb der Phase Service Strategy zwischen sogenannten Hauptaktivitäten (Key Activities „Service Strategy") und strategischen sowie wirtschaftlichen Prozessen (Service Ökonomie).

Folgende Hauptaktivitäten aus Sicht der Service Strategy existieren:

Hauptaktivität: Definieren des Marktes
Der Marktraum ist definiert durch die Geschäftsergebnisse und die Möglichkeit, diese durch IT-Services zu unterstützen.

In der Aktivität „Definieren des Marktes" werden die Strategien für Services, aber auch im Gegenzug die Services für die Strategie definiert. Dabei ist es eine unabdingbare Anforderung, den Kunden und die damit verbundenen Möglichkeiten und den Bedarf an Services zu betrachten und zu analysieren.

Wesentliche Rahmenbedingungen sind hierbei:

• Verbesserung der aktuellen Situation und Möglichkeiten
• Kostenreduzierung
• Risikominimierung

Es muss hierbei genau betrachtet werden, wie ein entsprechender Service die Wertschöpfungssteigerung und den benötigten Mehrwert generieren kann und, damit verbunden, welche Service Assets, aber auch welche Infrastrukturelemente und Assets entwickelt werden müssen, um zur Erreichung dieser Anforderung beitragen zu können.

Hauptaktivität: Entwickeln von Angeboten
Die Schlüsselaktivität „Entwickeln von Angeboten" ist in Verbindung mit der Schlüsselaktivität „Marktraum" zu betrachten, in der die Optionen und Themengebiete abgegrenzt werden, die für einen Service Provider für die Wertschöpfung und

das Delivery ausschlaggebend sind. Die Bereitstellung und Lieferung von Services zur Steigerung der Wertschöpfung erweitern und intensivieren die Beziehungsbildung hin zu einem partnerschaftlichen Kunden-IT-Provider-Verhältnis. Ein Service definiert sich immer über den Nutzen für den Kunden und nicht über die zur Verfügung gestellte Kapazität. Eine exakte Definition eines Services ist in dem damit verbundenen Zusammenhang ausschlaggebend dafür, dass Kunden auch den Mehrwert und Wertschöpfungsanteil des Services richtig wahrnehmen.

Diese Schlüsselaktivität berücksichtigt das Serviceportfolio mit dem Ziel der Wertemaximierung und unter Einbeziehung der Parameter Kosten und Risiken. Die Umsetzung der Wertschöpfungssteigerung wird von einer besseren Service-Delivery-Struktur und den entsprechenden Kundenerfahrungen hergeleitet.

Hauptaktivität: Entwickeln strategischer Assets
Strategische Assets sind die Werte, die es einem Service Provider ermöglichen, die anforderungsgerechte Bereitstellung von Services in der richtigen Zusammenstellung zu liefern. Dies kann aus Sicht der Service Strategy als das strategische Vermögen angesehen werden, das in der Grundstruktur eine dynamische Ausprägung haben muss. Es wird von den strategischen Assets erwartet, dass sie auch unter sich ändernden Geschäftsanforderungen fortgesetzt werden und weiterhin konstante und gute Leistungen im Rahmen der Wertschöpfungskette für das Business erbringen. Es muss hierbei also möglich sein, sich an die sich ändernden Bedingungen des Business auszurichten und die Eigenschaft von „Learning Capabilities" zu unterstützen.

Hiermit ist eine übergreifende Fähigkeit und ein Reifegrad verbunden, der sich je nach Ausprägung und Bereitstellung von Service Assets (Fähigkeiten und Betriebsmitteln) auf der Service-Management-Ebene einstellt.

Damit ein Service überhaupt eine Wertschöpfung erreichen kann, ist das Zusammenspiel der richtigen Betriebsmittel (Ressourcen – z. B. Budget, Infrastruktur, Applikationen etc.) und der dazu passenden Fähigkeiten (Capabilities – z. B. Management, Organisation, Prozesse, Wissen etc.) unabdingbar. Defizite in den Betriebsmitteln oder den Fähigkeiten führen dazu, dass der Service nicht wie vereinbart erbracht werden kann und nicht zur Wertschöpfung des Kunden beiträgt.

Abb. ▶
Ressourcen und Fähigkeiten als Basis für die Wertschöpfung

Source: Service Strategy produced by OGC.

Fähigkeiten (Capabilities)	Betriebsmittel (Resources)
Management	Finanzkapital
Organisation	Infrastruktur
Prozesse	Anwendungen
Wissen	Informationen
Menschen	Mitarbeiter

Hauptaktivität: Vorbereitende Schritte zur Ausführung
Die Analyse sämtlicher interner und externer Faktoren und deren Detailbetrachtung sind notwendig, um eine zielgerichtete Umsetzung der Businessanforderungen sicherstellen zu können. Dazu ist die Erstellung von grundlegenden Plänen, Policies, aber auch Visionen notwendig. Wenn der Service Provider ein klares Verständnis davon hat, was die wirklichen Wertanteile des Kunden sind, können die entsprechenden Business anforderungen klarer verstanden und in IT-funktionale Lösungen umgesetzt werden. Damit verbunden sind die kritischen Erfolgsfaktoren (CSFs) zu formulieren, die einen integrativen Bezug u. a. hinsichtlich Erweiterbarkeit, Skalierbarkeit und Wachstum schaffen.

3.3.1 Folgende Prozesse sind aus Sicht der Service Strategy definiert:

Financial Management

Das Financial Management erstreckt sich über die gesamte Unternehmung. Viele Unternehmensbereiche erzeugen und verwerten finanzielle Unternehmensinformationen. Diese Informationen bilden den Input für das Financial Management und dienen als Grundlage für kritische Entscheidungen und Aktivitäten.

Zielsetzung

Schaffung von finanzieller Transparenz zur Unterstützung kritischer Unternehmensentscheidungen durch die konsequente Anwendung eines Financial Management.

Folgende zentrale Methoden, Modelle und Techniken stehen im Fokus des Financial Management, sollen aber an dieser Stelle nicht weiter vertieft werden:

- Service Valuation
- Demand Modelling
- Financial Modelling of Service Portfolio
- Service Provisioning Optimization
- Planning Confidence
- Service Investment Analysis
- Accounting
- Compliance
- Variable Cost Dynamics

Die folgende Abbildung zeigt im Vergleich die Gemeinsamkeiten, Betrachtungsprofile und Benefits des Business und des Service Providers u. a. aus der finanzwirtschaftlichen Perspektive.

Abb. ▶
Financial Management

Source: Service Strategy
produced by OGC.

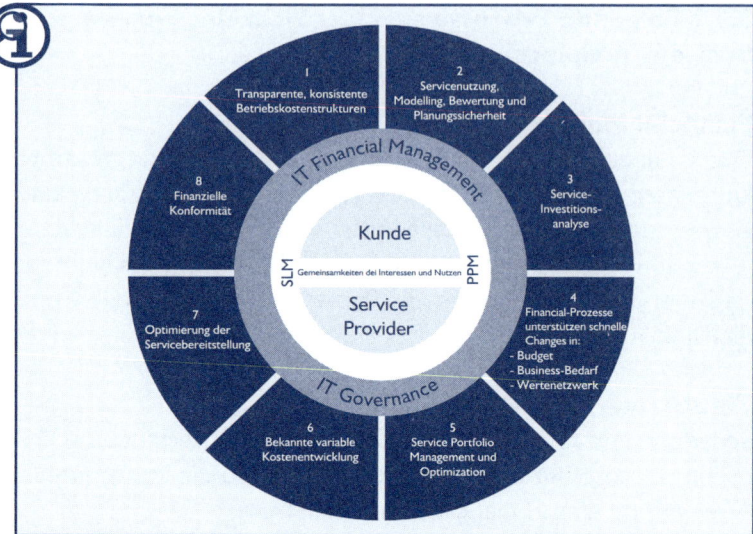

3.3.2 Service Portfolio Management

Das Service-Portfolio eines IT-Providers spiegelt den Bedarf des Business/Kunden wider und die damit verbundene Reaktion des Service Providers. Bei der Definition des Serviceportfolios muss sich der Provider folgender Fragestellungen bewusst sein:

- Warum sollte der Kunde diese Services in Anspruch nehmen?
- Warum sollte der Kunde diese Services bei mir beziehen?
- Wie sehen die Preisfindungs- oder Verrechnungsmodelle aus?
- Was sind die Stärken, Schwächen, Prioritäten und Risiken?
- Wie sollten unsere Ressourcen und Fähigkeiten zugewiesen werden?

Durch das fortwährende Hinterfragen dieses Portfolios ist ein Provider in der Lage, sein Angebot vorausschauend an die Bedürfnisse des Kunden anzupassen, ohne die eigentliche Strategie und Planung außer Acht zu lassen.

Hierdurch ist sichergestellt, dass Investitionen im Service Management (z. B. für das Design neuer Services) auf Grundlage finanzieller und geschäftlicher Informationen geschehen und somit abgesichert sind.

Die Statusparameter bei der Erstellung eines Services für das Service-Portfolio werden wie folgt bezeichnet:

- Anforderungen
- Analysiert
- Schriftlich fixiert
- Entwickelt
- Getestet
- Operativ

- Definiert
- Genehmigt
- Konzipiert
- Erstellt
- Freigegeben
- Stillgelegt

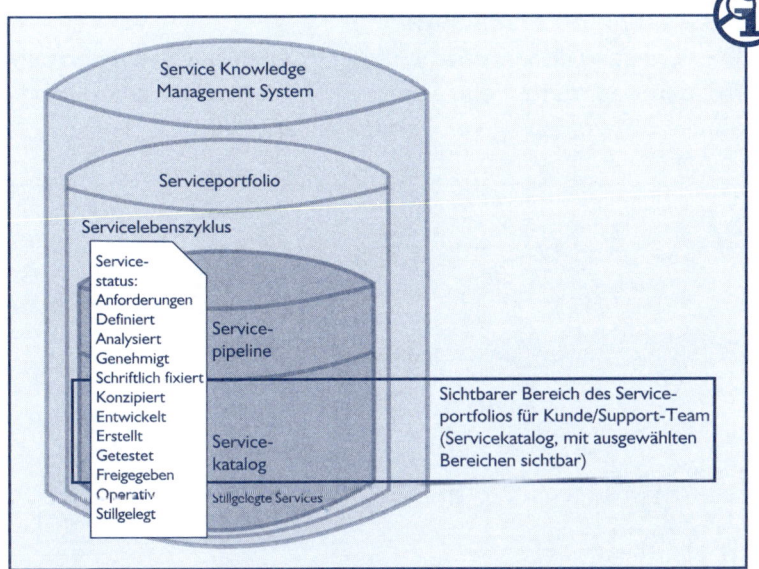

◄ **Abb.**
Serviceportfolio und sein Inhalt

Source: Service Design produced by OGC.

Eine besondere Rolle spielt hierbei die sogenannte Servicepipeline. Sie stellt eine Informationsbasis für die Erstellung von Services bereit, indem sie die Anforderungen des Business abdeckt. Sie stellt außerdem eine Basis für die Erstellung neuer Services bereit, in der die strategischen Business-Ziele zentral und für die dauerhafte Verwendung hinterlegt sind.

Die wesentlichen Kernaktivitäten spiegeln sich im folgenden Prozessschaubild wider:

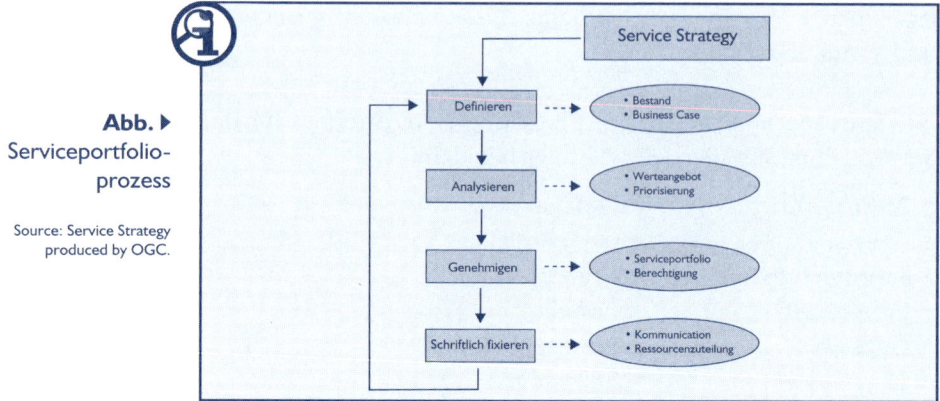

Abb. ▶
Serviceportfolio-
prozess

Source: Service Strategy
produced by OGC.

3.3.3 Demand Management

Das Demand Management steht in engem Zusammenhang mit den Kapazitäten einzelner Servicebausteine als Grundlage für die Bereitstellung von Service Assets.

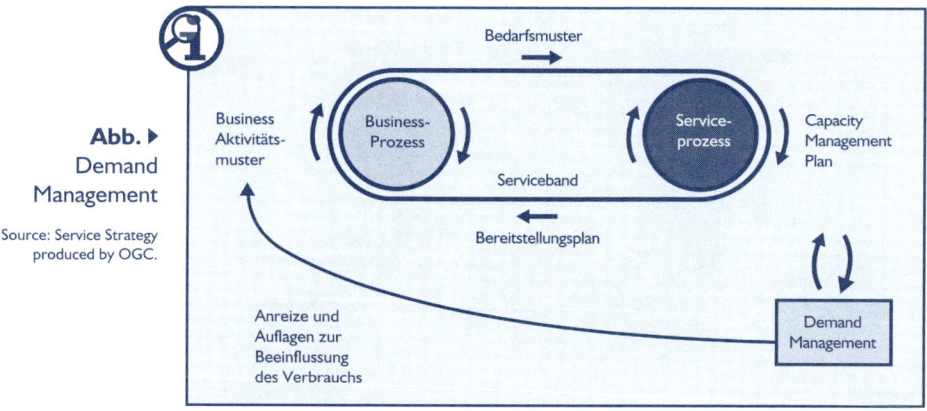

Abb. ▶
Demand
Management

Source: Service Strategy
produced by OGC.

Zielsetzung:

Reaktion auf die dynamischen Anforderungen der Geschäftsprozesse aus Sicht des Service Provider unter dem Gesichtspunkt der Ausbalancierung zwischen Businessanforderungen und den bereitzustellenden Kapazitäten. Für eine fundierte Prognose der Kapazitätsanforderungen sind Informationen aus verschiedenen Ebenen erforderlich. Auswirkungen auf den Kapazitätsbedarf haben Entscheidungen auf strategischer Ebene.

Ein funktionierendes Demand Management stellt sicher, dass keine Kosten durch überschüssige und nicht genutzte Kapazitäten entstehen. Ungenügende Kapazitäten wiederum wirken sich negativ auf die Qualität der Services aus. Das Service Management stellt sich dieser Herausforderung in Form eines Pull-Systems, in dem ein Verbrauchszyklus einen Produktionszyklus antreibt.

Verschiedene Techniken im Demand Management, wie Off-Peak Pricing, Volume Discounts oder gestaffelte Service Level, können den Bedarf im Rahmen von spezifischen Modellen beeinflussen. Kapazitäten und Ressourcen, die einem Service zur Verfügung gestellt werden, sollten an Bedarfsprognosen und -modellen ausgerichtet sein.

3.3.4 Return on Investment

Der Begriff „Return on Investment" (ROI) bedeutet finanztechnisch das Verhältnis des erzielten Gewinns einer Investition zum investierten Kapital. Dieses Verhältnis kann sowohl auf eine definierte Zeitspanne als auch akkumuliert auf den gesamten Lebensweg der Investition bezogen sein.

Zielsetzung:

Das Ziel von Return on Investment, bezogen auf die Betrachtung hinsichtlich der Service Strategy, ist, die Wirtschaftlichkeit von strategischen Service Management-Projekten bzw. auch die Umsetzung von Businessanforderungen hinsichtlich Service Assets und derer Design- und Betriebsanforderungen zu überprüfen.

Return on Investment ist nichts Wünschenswertes, sondern per se zwingende Voraussetzung eines jeden Engagements im Business und somit Basis einer gesunden Win-win-Orientierung der beteiligten Partner (Kunde und Service Provider).

Return on Investment (ROI) ist ein Konzept, um den Wert einer Investition quantitativ zu beziffern. Aus der finanzwirtschaftlichen Sicht müsste ROI eigentlich ROIC (Return on Invested

Capital) bedeuten, eine Messgröße für die Performance des Business. Im Gesamtzusammenhang mit dem Service Management ist dieser Betrachtungsfokus nur bedingt zutreffend. Im Bereich des Service Management wird ROI dafür verwendet, die Fähigkeiten und Möglichkeiten eines Service Asset und dessen Beitrag zur Erzeugung von zusätzlichem Value zu messen und zu bewerten.

Eine der größten Herausforderungen für die die ITSM-Projekte auf Basis von ITIL initiieren, ist die Identifizierung der spezifischen Notwendigkeit für das Business, bei der eine konkrete und bewertbare Abhängigkeit vom Service Management besteht.

In diesem Zusammenhang wird von drei Bereichen des ROI gesprochen:

- Business Case – Mithilfe des Business Case werden die (wirtschaftliche) Rechtfertigung für die Notwendigkeit aus Sicht des Business und dessen Bezug zum bzw. Abhängigkeit vom Service Management definiert.
- Pre-Programme ROI – Techniken, um die Investitionen im Service Management vorab unter quantitativen Gesichtspunkten zu analysieren
- Post-Programme ROI – Techniken, um die Investition im Service Management in einer rückwirkenden Betrachtung zu analysieren

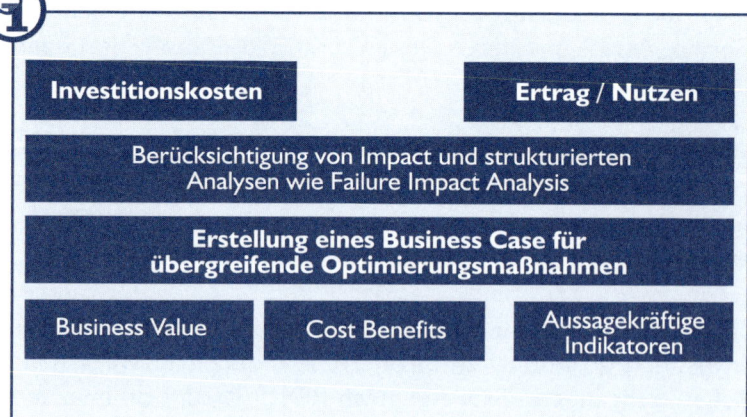

Abb. ▶
ROI - Was ist zu berücksichtigen?

Source: Service Strategy produced by OGC.

Investitionskosten — Ertrag / Nutzen

Berücksichtigung von Impact und strukturierten Analysen wie Failure Impact Analysis

Erstellung eines Business Case für übergreifende Optimierungsmaßnahmen

Business Value — Cost Benefits — Aussagekräftige Indikatoren

Im Allgemeinen ist es nicht einfach, eine ROI-Betrachtung für eine übergreifende Einführung von Service Management oder für integrierte Prozessverbesserungsmaßnahmen auf Basis quantifizierbarer Aussagen zu tätigen.

Daher ist ein gemeinsames Erarbeiten von Indikatoren, die den Business Value und den IT-seitigen Anteil aus Sicht der Service Strategy darlegen, notwendig.

Daraus resultiert die Anforderung, eine grundlegende Betrachtung auf Basis eines Business Case durchzuführen.

3.4 Die Rollen in der Service Strategy

Prozessrollen sind wesentliche Bestandteile einer erfolgreichen Umsetzung und Implementierung einer Service Management-Organisation. Der Großteil der konkret ausgestalteten Rollen, aber auch Funktionen ist in den Phasen Service Design, Service Transition und Service Operation zu finden und dort definiert. Aus der strategischen Betrachtung heraus gibt es wenige konkret gefasste Rollen. Unten genannte Rollen sind aus strategischer Sicht als sogenannte Schlüsselrollen anzusehen. Darüber hinaus sind noch weiterführende Prozessrollen im strategischen Umfeld für Aufgaben und Verantwortlichkeiten auf Sublevel-Basis zu empfehlen (z. B. Detaillierung auf Basis von Sourcing-Strategien etc.).

Rolle	Kurzbeschreibung
Chief Sourcing Officer	Eine Schlüsselrolle, um die Sourcing-Strategien festzulegen und entsprechende Fähigkeiten (Capabilities) zuzuordnen. • Festlegung der Sourcing-Strategie bezogen auf bestimmte Service Assets und das Business • Enge Zusammenarbeit mit dem CIO im Fall der internen Sourcing-Strategie hinsichtlich Personalbereitstellung etc. • Identifikation der Bereiche, in denen externe Ressourcen benötigt werden • Festlegen von Guidelines und Prinzipien für Governance • Koordinierung und Zusammenführung der internen und externen Ressourcen bezüglich einer definierten Zielsetzung auf Basis eines vorhandenen Empowerments

Rolle	Kurzbeschreibung
	Der Chief Sourcing Officer ist ein Integrator, Koordinator, Kommunikator, Leader und Coach, teilt eine gleichberechtigte Identität zwischen internem und externem Personal und hat die Kompetenz, auf Executive Level zu agieren.
Product Manager	Der Product Manager ist eine Schlüsselrolle im Bereich des Service-Portfolio-Management und hat deshalb aus strategischer Sicht einen wichtigen Stellenwert. • Managen eines Services als Produkt über den gesamten Lebenszyklus (von der strategischen Betrachtung über das Designkonzept und die Betriebsübergabe bis hin zur Stilllegung des Services) • Product Manager werden als Experten der Lines of Services (LOS) und des Servicekataloges gesehen und anerkannt. • Sie verstehen die Servicemodelle und deren interne Strukturen und Dynamiken und sind in der Lage, relevante Änderungen zu bewerten und dadurch eine effektive Verbesserung zu generieren. • Sie haben eine konsolidierte Sicht auf die entsprechenden Kosten und Risiken entlang der gesamten Line of Service.

3.5 Chancen und Risiken von Service Strategy

Die Chance von Service Strategy besteht darin, die heutzutage in den IT-Organisationen vorzufindende technische, aber auch ablauforientierte Komplexität zu erfassen und dafür aus strategischer Sicht sinnvolle und gezielte Strukturen aufzusetzen. Die Komplexität eines Gesamtsystems in kleine, auf Services und Service Management bezogene Einheiten herunterzubrechen und dazu spezifische Serviceprozesse zur Steuerung einzuführen, führt dazu, dass eine langfristige Betrachtung von benötigten Entscheidungen und damit verbundenen Konsequenzen durchgeführt und bewertet werden kann.

Das Ergebnis ist verbunden mit den aufgesetzten spezifischen Serviceprozessen, die Befähigung einer „lernenden Organisation".

Die Möglichkeit, auch im Rahmen der Verantwortlichkeiten zwischen Koordinierung und Steuerung (Control) zu unterscheiden, erlaubt es dem Management, zielorientiert einzuwirken und benötigte Entscheidungen zu treffen. Die Spezialisierung von Aufgaben und Verantwortlichkeiten auf spezifische Prozesse ermöglicht die Entwicklung des benötigten Knowhows, der Skills und der Erfahrungen.

Service Strategy kann die klaren Weichen für die Bereitstellung von Services bzw. Service Assets bezüglich der Parameter Wertschöpfung, Effizienz und Effektivität stellen. Daraus resultierend wird im Zusammenspiel mit dem Continual Service Improvement (CSI) für eine anforderungsgerechte und qualitativ hochwertige Servicebereitstellung gesorgt.

Ein Risiko ist normalerweise definiert als etwas, was vermieden werden muss, da es stark mit Bedrohungen in Beziehung gesetzt wird. Das gilt auch für Herausforderungen. Die falsche bzw. unpräzise Betrachtung und Einschätzung von Herausforderungen kann im konkreten Fall zu einem Risiko führen. Aus diesem Grund sind zahlreiche Basiskonzepte und

Schlüsselaktivitäten der Service Strategy darauf ausgelegt, Aspekte der Risikobetrachtung und -bewertung zu berücksichtigen.

Dazu gehören u. a.:

- Markträume
- Serviceportfolio
- Demand Management

Wenn Unternehmen bzw. IT-Organisationen im Rahmen des Kunden-Lieferanten-Verhältnisses sowohl die Chancen als auch die möglichen Risiken zielgerichtet und strukturiert betrachten, bewerten und in Business Value umsetzen können, hat dies eine positive Gesamtauswirkung auf den Service Lifecycle und die Service-Management-Strukturen im Allgemeinen.

3.6 Zusammenfassung Service Strategy

Ziele und Inhalte

- Bietet einen Leitfaden, wie Service Management als ein strategisches Asset designed, entwickelt und implementiert wird.
- Die Handlungsanleitungen von Service Strategy zeigen auf, wie Service Management in ein "Strategic Asset" überführt werden kann.
- Mit Service Strategy wird das IT Service Management in den erforderlichen strategischen Zusammenhang gestellt.

Basiskonzepte & Grundprinzipien

- Marktraum
- Servicekatalog
- Servicemodelle
- Fähigkeiten
- Service Assets
- Serviceportfolio
- Servicepipeline
- Wertschöpfung
- Utility & Warranty
- Value Proposition
- Value Composition
- Beschränkungen
- Business Case

Prozesse

Service Strategie
- Definieren des Marktes
- Entwickeln von Angeboten
- Entwickeln strategischer Assets
- Vorbereitende Schritte zur Ausführung

Service Ökonomie
- Financial Management
- Return of Investment
- Service Portfolio Management
- Demand Management

Zentrale Rollen

- Chief Sourcing Officer
- Product Manager

Funktionen

Keine Funktionen vorhanden

Benefits

- Erzeugung von Business Value durch die übergreifende, strategische und wirtschaftliche Betrachtung bezüglich Service Management und strategische Assets
- Erfassung der technischen und auch ablauforientierten Komplexität und Aufsetzen der dafür aus strategischer Sicht sinnvollen und gezielten Strukturen
- Klare Weichen für die Bereitstellung von Services bzw. Service Assets bezüglich der Parameter Effizienz und Effektivität

Die ITIL® Referenzkarten jetzt endlich auf iPhone und iPad!
Beziehbar im Apple Appstore

Mit Handykamera
einscannen

4. KAPITEL

SERVICE DESIGN

4.1 Einführung in Service Design

Zielsetzung des Service Design: Ermittlung der Kundenanforderung und Übersetzung in Service- und Service-
Management-Lösungen.

Das Entwickeln neuer oder geänderter Services zur späteren
Überführung in die Produktivumgebung steht im Mittelpunkt
des Service Design. Es betrachtet alle Designaspekte bei der
Planung von neuen Services sowie Änderungen oder die Anpassung der Services und des Service Management.

Insbesondere in der Phase Service Design spielt die ausgewo-
gene Betrachtung der 4 P (Processes, Products, Partners/Pro-
vider, People) eine wichtige Rolle für eine spätere erfolgreiche
Umsetzung von Designplänen und -projekten in einen wertschöpfenden Servicebetrieb (Service Operation).

4.2 Wichtige Grundbegriffe des Service Design

Die Anforderungen an einen neuen Service ergeben sich im Wesentlichen aus dem Service-Portfolio. Sämtliche Serviceanforderungen werden analysiert, dokumentiert und abgestimmt. Daraus folgt eine Lösungsarchitektur, die den Anforderungen und den Rahmenbedingungen aus der Service-Strategie entsprechen muss. Um dies sicherzustellen, werden für jeden neuen Service die Hauptaspekte des Service Design berücksichtigt:

Design der Service-Lösungen (Service Solutions)

Es ist sicherzustellen, dass der neue oder geänderte Service in das bestehende Service-Portfolio passt und sich in die bestehenden Support-Strukturen einbinden lässt. Gegebenenfalls ist es erforderlich, das Design des neuen Services oder anderer, bereits bestehender Services anzupassen. Hierfür werden die abgestimmten Businessanforderungen analysiert und in konkrete Serviceanforderungen überführt, um dann abschließend das Design der Service Solution zu erhalten.

Design von unterstützenden Systemen, insbesondere des Serviceportfolios

Auch das Service Management System und die zugehörigen Tools müssen einer Betrachtung unterzogen werden, um sicherzustellen, dass diese in der Lage sind, den entsprechenden Support zu gewährleisten. Ein wichtiger Erfolgsfaktor für ein effizientes Service Management ist der Einsatz der richtigen Management-Systeme, Tools und ein hohes Maß an Automation. Im Besonderen das Service-Portfolio ist ein System zur Unterstützung der Services. Es beschreibt die Service-Erbringung aus der Sicht der Wertschöpfung für den Kunden und muss alle Service-Informationen und den Status des Services beinhalten. Das Serviceportfolio wird während der Service Design-Phase erstellt (siehe Service Catalogue Management). Das Portfolio wird gemanagt durch die Service Strategy.

Design von Technologiearchitekturen

Es ist sicherzustellen, dass die eingesetzten Technologien, die Infrastruktur und die Applikationen mit dem neuen oder geänderten Service vereinbar sind, sodass der Betrieb und die Wartung des neuen Services wertschöpfend möglich sind. Gegebenenfalls ist es erforderlich, bestehende Systeme und Architekturen anzupassen oder das Service Design zu überprüfen. Man spricht in diesem Zusammenhang auch von Enterprise Architecture. Es existieren einige Frameworks für die Entwicklung einer Enterprise-Architektur. Sie muss die folgenden Aspekte beinhalten:

• Servicearchitektur
• Anwendungsarchitektur
• Informations-/Datenarchitektur
• IT-Infrastruktur Architektur
• Umgebungsarchitektur

Design von Prozessen

Es ist sicherzustellen, dass das Prozessdesign sowie die damit verbundenen Rollen und Verantwortlichkeiten sowie Prozessfähigkeiten in der Lage sind, den neuen oder geänderten Service zu betreiben, zu unterstützen und zu warten. Gegebenenfalls ist es erforderlich, den Service oder auch die Prozesse anzupassen. Davon betroffen sind nicht nur die Service-Design-Prozesse, sondern sowohl die IT-Prozesse als auch die Service-Management-Prozesse insgesamt.

Design von Messsystemen und Messgrößen

Es ist sicherzustellen, dass bestehende Messmethoden den neuen oder geänderten Service unterstützen und es erlauben, die erforderlichen Kennzahlen und Metriken zu liefern. Gegebenenfalls müssen bestehende Systeme und Messmethoden erweitert oder angepasst werden.

4.3 Die Prozesse im Service Design

Im Rahmen der Phase Service Design im ITIL v3 Lifecycle-Modell spielen folgende Prozesse eine Rolle:

- Service Catalogue Management
- Service Level Management
- Capacity Management
- Availability Management
- IT Service Continuity Management
- Information Security Management
- Supplier Management

4.3.1 Service Catalogue Management

Häufig fehlt in den IT-Organisationen ein klares Bild darüber, welche IT Services zurzeit angeboten werden und welche Kunden und Anwender welche IT Services nutzen. Um diese Transparenz zu schaffen, ist es notwendig, ein Service Portfolio zu erstellen, das einen Servicekatalog beinhaltet. Dies ist ein wichtiger Schritt in der Entwicklung der IT-Organisation in Richtung einer deutlichen Serviceorientierung.

Zielsetzung

Das Ziel des Service Catalogue Management ist, die Informationen des Servicekatalogs einheitlich zu verwalten. Ebenso muss sichergestellt werden, dass diese Informationen korrekt abgebildet sind und dem aktuellen Stand der bereitgestellten und im Einsatz befindlichen Services entsprechen. Darüber hinaus müssen die Schnittstellen und Abhängigkeiten aller Services auf dem aktuellen Stand sein.

Basiskonzepte

Der Servicekatalog beinhaltet zwei Perspektiven:

Technischer Servicekatalog

Dieser gibt die Sicht auf die technische Erbringung von IT Services, die erbracht werden, mit allen Beziehungen untereinander. Der technische Servicekatalog ist nicht für den Kunden bestimmt.

Best Practice

Die WAGO Kontakttechnik GmbH & Co. KG erfüllt ihre hohen Anforderungen mit LANDesk Service-Desk

"Unsere Exchange-basierte Helpdesk-Lösung war einfach und effektiv, ist aber an ihre Grenzen gestoßen", erinnert sich Herr Eulenberg, Leiter Systemmanagement bei WAGO. "Für die hohe Zahl der Tickets war der Exchange-Server nicht ausgelegt." Heute arbeiten 49 IT-Mitarbeiter mit der LANDesk-Lösung, darunter die zwölf First-Level-Supporter am nun ITIL-konform gestalteten Service-Desk.

Welche Vorteile haben sich aus der Einführung der zentralisierten Ticket-Verwaltung ergeben? Eulenberg betont vor allem die gestiegene Effizienz seiner Service-Desk-Gruppe: "So konnten wir unsere Prozesse 'Hardware/Software-Anforderung' und 'Benutzerantrag' verbessern und beschleunigen."Ein weiterer Hauptvorteil von LANDesk Service Desk liege in der gestiegenen Transparenz: "Wir können nun sichtbar machen, welche Leistung wir erbringen." So ist Eulenbergs Team auch in der Lage, bedarfsgerechte Servicekataloge zu erstellen und anzupassen.

Der Nachweis der eigenen Leistungsfähigkeit ist für ihn ein wichtiges Pfund: "Die Wirtschaftlichkeit einer internen IT-Abteilung steht immer auf dem Prüfstand. Mit LANDesk Service Desk sind wir jetzt und zukünftig in der Lage, unsere Leistungen ITIL-konform zu dokumentieren und uns dem externen Wettbewerb zu stellen."

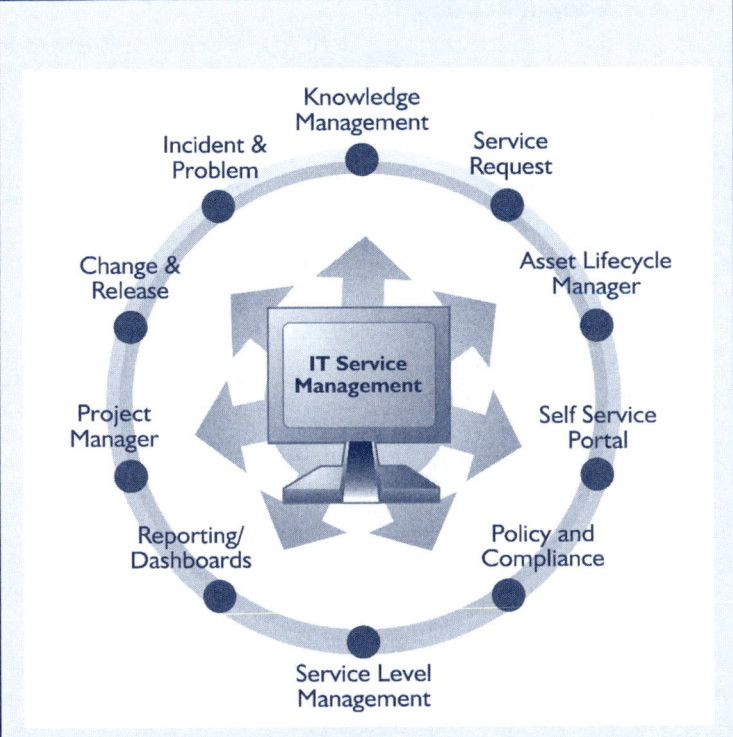

LANDesk Software ist ein weltweit führender Anbieter von Lösungen für PC Lifecycle Management, Endpunktsicherheit und IT Service Management. Der LANDesk Service Desk ist besonders anerkannt, weil er nach ITIL V3.0 in allen 14 Prozessen verifiziert ist, einen grafischen Prozess-Designer einsetzt und mobile Service Management Möglichkeiten besitzt.

info@landesk.de
www.landesk.de

Mit Handy scannen
und mehr erfahren

Business-Servicekatalog

Sicht auf die IT Services aus Sicht des Kunden (Customer View). Der Business-Servicekatalog setzt als Fokus die zu unterstützenden Geschäftsprozesse und dient als Serviceangebot für den Kunden.

Abb. ▶
Business-
Servicekatalog und
technischer
Servicekatalog

Source: Service Design
produced by OGC.

4.3.2 Service Level Management

Unternehmen unterziehen sich heute einem stetigen Wandel, um den Bedürfnissen der Kunden gerecht zu werden. Die daraus entstehenden neuen Anforderungen aus den Geschäftsprozessen müssen durch die IT-Organisation in Form von IT Services gestützt und verwirklicht werden. Um Business IT Alignment zu erreichen und sicherzustellen, dass die IT-Organisation die Kundenorganisation optimal unterstützt, müssen Rahmenbedingungen geschaffen werden, die dazu führen, dass zwischen den beteiligten Parteien entsprechende Vereinbarungen getroffen und eingehalten werden.

Der Service Level Management Prozess hält das Gleichgewicht zwischen den Anforderungen des Kunden und den Möglichkeiten der IT-Organisation. Durch eine kontinuierliche Abstimmung und Überwachung der Vereinbarungen sorgt das SLM für die Erhaltung und sukzessive Verbesserung der Servicequalität. Es ist der Prozess, der für das qualitative und quantitative Management der Services zuständig ist, die die IT Organisation für die Kunden erbringt.

Aufgrund der organisatorischen und kulturellen Auswirkungen ist der SLM-Prozess einer der wichtigsten, aber auch komplexesten Prozesse im ITIL-Framework. Er formalisiert die Beziehungen zwischen der Kundenorganisation und der IT-Organisation und stellt damit sicher, dass sich beide Parteien (der Kunde und die IT) gemeinsam für die Ausprägung der IT Services verantwortlich fühlen. Dies ist die Basis für eine faire Kunden-Lieferanten-Beziehung, die für eine langfristige und erfolgreiche Kooperation unumgänglich ist.

Zielsetzung

Das Service Level Management verfolgt die folgenden Ziele:

- Definition, Vereinbarung, Überwachung, Messung, Review und Report der bereitgestellten IT Services zwischen der IT-Organisation und den Kunden
- Sicherstellung, dass messbare Ziele für alle IT Services entwickelt werden
- Überwachung und Verbesserung der Kundenzufriedenheit mit den IT Services
- Sicherstellung, dass die Kunden und die IT-Organisation ein klares und eindeutiges Verständnis von den bereitgestellten Services haben
- Sicherstellung, dass durch proaktive Maßnahmen die Servicequalität verbessert wird
- Erfassen, Vereinbaren und Dokumentieren von Kundenanforderungen (Service Level Requirements, SLR)
- Verfassen von Service Level Agreements mit Kunden sowie deren periodische Überprüfung
- Konzipieren und Dokumentieren von internen Vereinbarungen im Rahmen der Serviceerstellung sowie Integration von externen Partnern (siehe auch Supplier Management)

Basiskonzepte
Service Level Requirements (SLR)

In den Service Level Requirements (Serviceanforderungen) werden die Anforderungen des Kunden hinsichtlich seiner benötigten IT Services beschrieben.

Service Level Agreement (SLA)

In einem SLA sind die qualitativen und quantitativen Vereinbarungen zwischen dem Kunden und der IT-Organisation hinsichtlich der zu leistenden IT Services festgelegt. Es beschreibt
die IT Services in einer kundenbezogenen Formulierung mit
Sicht auf die Geschäftsprozesse. Für den Vereinbarungszeit-
raum gilt das SLA als Vertrag in Bezug auf die Leistungser-
bringung und Steuerung der IT Services. Ein SLA lässt sich
grundsätzlich in einen Leistungsbereich (Inhalt und Leistungs-
parameter) und in einen kaufmännischen und juristischen Bereich unterteilen. SLA weisen meist eine servicebasierte (ein
SLA für einen Service) oder eine kundenbasierte (ein SLA für
alle Services eines Kunden) Struktur auf. Eine weitere mögliche Struktur ist die Multi-Level-Struktur. Dabei werden in der
Praxis oftmals übergeordnete Rahmenverträge verhandelt,
die die grundlegenden Strukturen (kaufmännisch/juristisch)
beschreiben (Corporate Level). Die darauf basierenden Ser-
viceleistungen werden als „Leistungsscheine" beigelegt und
ergänzen somit den Vertrag.

Folgende Strukturen von SLA definiert ITIL:

Servicebasiertes SLA:

Ein Service-based SLA deckt einen Service ab, der für jeden
Kunden in identischer Form erbracht wird.

Kundenbasiertes SLA:

Ein Costumer-based SLA deckt alle Anforderungen eines
Kunden oder einer Kundengruppe ab.

SLAs mehrerer Ebenen:

Ziel eines Multi-Level-SLA ist die bestmögliche Abdeckung
von verschiedenen Anforderungen aus Unternehmenssicht
kombiniert mit den verschiedenen bereitgestellten Services.

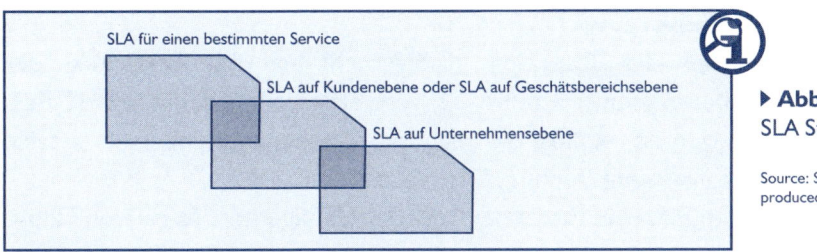

SLA für einen bestimmten Service

SLA auf Kundenebene oder SLA auf Geschätsbereichsebene

SLA auf Unternehmensebene

▶ **Abb.**
SLA Strukturen

Source: Service Design
produced by OGC.

Operational Level Agreement (OLA)

Ein Operational Level Agreement ist eine nach innen gerichtete Vereinbarung zwischen den internen Fachbereichen
der IT-Organisation über die Erstellung und Erbringung eines
Teilservices zur Erfüllung eines SLA. Interne Vereinbarungen
in Form eines Operational Level Agreement enthalten keinen
juristischen Anteil.

Underpinning Contract (UC)

Ein Underpinning Contract ist eine extern gerichtete Verein-
barung mit einer dritten Partei (externer Dienstleister) über
die Lieferung von definierten Services als Teilerbringung eines
SLA gegenüber dem Kunden. Vergleichbar ist ein solcher Ver-
trag mit der externen Ausführung eines OLA. Als externe
Kunden-Lieferanten-Vereinbarung handelt es sich bei einem
UC immer um ein Vertragswerk mit einem rechtswirksamen
Anteil.

4.3.3 Capacity Management

Capacity Management ist ein Prozess, der sicherstellen soll,
dass die richtige und kostenmäßig vertretbare IT-Kapazität
zeitgerecht bereitgestellt wird, um die geschäftlichen Anforderungen abzudecken. Capacity Management ermittelt die
geschäftlichen Anforderungen (an IT-Ressourcen), prognosti-
ziert die Workloads und führt die Planung der IT-Ressourcen
durch. Einer der wichtigsten Beiträge des Capacity Management ist ein dokumentierter Kapazitätsplan.

Zielsetzung

Ziel des Capacity Management ist die Ermittlung der benötigten, kostenmäßig vertretbaren Kapazität von IT-Ressourcen, sodass die mit dem Kunden vereinbarten Service Level zeitgerecht erfüllt werden.

Im Einzelnen setzt das Capacity Management folgenden Fokus:

- Erstellung und Pflegen eines angemessenen und aktuellen Kapazitätsplanes, der die momentanen und zukünftigen Bedürfnisse des Business widerspiegelt
- Bereitstellung von Informationen und Erstellung von Richtlinien über alle Bereiche des Business hinweg in Zusammenhang mit der IT zu leistungs- und kapazitätsabhängigen Fragen
- Zur Verfügungstellung von Informationen und Richtlinien über sämtliche Kapazitäts- und Performance-Belange der IT und dem Business

Basiskonzepte

Business Capacity Management (BCM):
Trend, Prognose, Modell, Prototyp, Größe und Dokumentation der zukünftigen Geschäftsanforderungen an die IT Services

Service Capacity Management (SCM):
Monitoring, Analyse, Tuning und Bericht über die aktuelle Service Performance, Erstellung von Mindestanforderungen und Profilen für den Gebrauch von Services und Regelung des Servicebedarfs

Component Capacity Management (CCM):
Monitoring, Analyse und Bericht über die Auslastung der verschiedenen technologischen IT-Komponenten, Erstellung von Mindestanforderungen und Profilen für den Gebrauch von Komponenten

Die Aktivitäten im Capacity Management im Überblick:

Abb. ▶
Capacity Management Subprozesse und Aktivitäten

Source: Service Design produced by OGC.

4.3.4 Availability Management

Für die Erbringung qualitativ hochwertiger IT Services ist die kosteneffektive Bereitstellung des in den Service Level Agreements festgelegten Verfügbarkeitsniveaus eine der Grundvoraussetzungen. Es gilt, die richtige Balance zwischen den aufzuwendenden Kosten und dem für das Business notwendigen Verfügbarkeitsniveau zu erreichen. Ein effektives Availability Management hat direkten Einfluss auf die Zufriedenheit der Kunden der IT-Organisation.

Das Availability Management betrachtet hierbei zwei Schlüsselelemente:

- Reaktive Aktivitäten: Monitoring, Messung, Analyse und Management aller Ereignisse, Störungen und Probleme, bei denen das Thema Verfügbarkeit betrachtet wird
- Proaktive Aktivitäten: Planung, Design und Verbesserung der Verfügbarkeit im Rahmen des Designs von IT Services

Zielsetzung:
- Bereitstellung von Richtlinien und Anleitungen für alle Bereiche des Business sowie der IT, bei denen das Thema Verfügbarkeit eine Rolle spielt (Konzepte zur Sicherstellung bzw. Verbesserung von Verfügbarkeiten von IT-Systemen)

- Erstellung eines angemessenen und aktuellen Verfügbarkeits-plans, der die aktuellen und zukünftigen Anforderungen des Business an die Serviceverfügbarkeit abdeckt
- Sicherstellung, dass die erreichte Serviceverfügbarkeit den vereinbarten Zielen entspricht oder über diese hinausgeht
- Unterstützung bei der Diagnose und Lösung von Störungen und Problemen in Bezug auf die Verfügbarkeit
- Untersuchung der Auswirkungen von Changes auf den Verfügbarkeitsplan sowie auf die Performance und Verfüg-barkeit aller Ressourcen in den Services

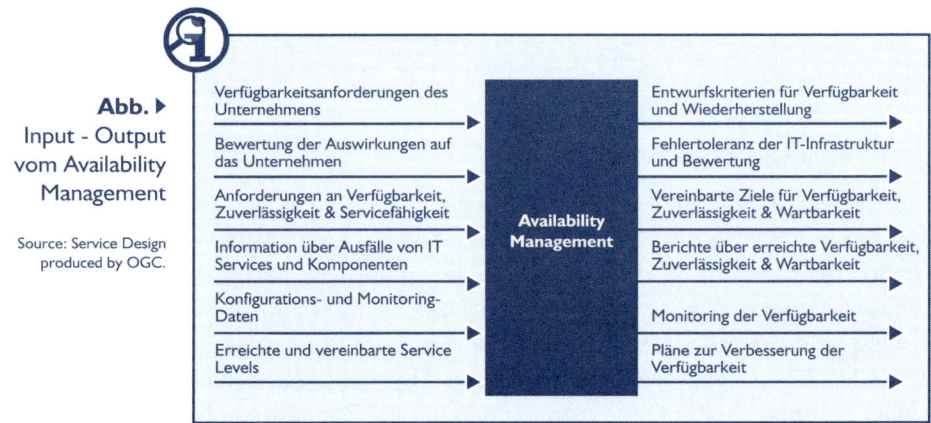

Abb. ▶
Input - Output
vom Availability
Management

Source: Service Design
produced by OGC.

Basiskonzepte im Rahmen des Availability Management sind:

Availability (Verfügbarkeit)
Die Verfügbarkeit trifft eine Aussage über die Fähigkeit eines Services, einer Komponente oder eines CI, im Rahmen der vereinbarten Funktionalität zu arbeiten. In den meisten Fällen wird die Verfügbarkeit in Prozent ausgedrückt.

Serviceability (Servicefähigkeit)
Die Fähigkeit eines Drittanbieters, die Bedingungen eines Ver-trags einzuhalten. Dieser Vertrag umfasst den vereinbarten Umfang der Zuverlässigkeit und die Wartbarkeit oder Verfüg-barkeit eines Configuration Item.

Reliability (Zuverlässigkeit)
Die Zuverlässigkeit beschreibt die Kontinuität, mit der ein IT Service angeboten werden kann. Die Zeit zwischen zwei Ausfällen eines IT Services sagt etwas über die Zuverlässigkeit dieses Services aus.

Maintainability (Wartbarkeit)
Die Wartbarkeit trifft eine Aussage über die Aufwendungen, die notwendig sind, um den operativen Betrieb eines IT Services sicherzustellen.

Diese Punkte werden im Availability Management aus der Sicht einzelner Komponenten (Component Availability), eines IT Services und aus der übergreifenden Servicesicht (Service Availability) betrachtet.

Ein IT Service gilt für einen Kunden als nicht verfügbar, wenn die vor Ort benötigten Funktionen nicht oder nur eingeschränkt genutzt werden können. ITIL kennt nur, dass ein IT Service verfügbar oder nicht verfügbar ist. Er ist nicht verfügbar, sobald der vereinbarte Service Level nicht erreicht wird.

4.3.5 IT Service Continuity Management

Unternehmen sind in der heutigen wettbewerbs- und serviceorientierten Situation davon abhängig, dass ihre Services ununterbrochen zur Verfügung stehen. Da die vitalen Geschäftsprozesse in immer höherer Abhängigkeit von der IT stehen, ist eine Planung für den Katastrophenfall unerlässlich. ITSCM stellt sicher, dass ein Unternehmen in der Lage ist, im Katastrophenfall die wesentlichen Services planvoll wiederherzustellen und den Zugriff hierauf zu ermöglichen. Mit ITSCM wird ein reduzierter Kosten und Zeitaufwand für die Wiederherstellung erreicht. Studien zeigen, dass viele Unternehmen das erste Jahr nach einem IT-Katastrophenfall nicht überleben!

Zielsetzung

- Erstellen von IT Service Continuity-Plänen, die den Business Continuity-Plan unterstützen
- Vervollständigung regelmäßiger Business Impact-Analysen, um sicherzustellen, dass alle Continuity-Pläne mit den sich ändernden Businessanforderungen übereinstimmen
- Die ITSCM-Ziele in den unterstützten Geschäftsbereichen und IT Service Bereichen kommunizieren und ein Bewusstsein für dieselben aufrechterhalten
- Sicherstellung, dass entsprechende Continuity- und Recovery-Mechanismen umgesetzt werden, um die vereinbarten Business Continuity-Ziele zu erreichen
- Aushandeln und Vereinbaren von notwendigen Verträgen mit Zulieferern für die notwendige Erbringung von Leistungen zur Wiederherstellung, um alle Continuity-Pläne im Zusammenhang mit dem Supplier Management zu unterstützen

Unterschiede zwischen Business Continuity Management und ITSCM

Business Continuity Management (BCM):

- beschäftigt sich mit dem Management von Risiken
- ist auf die Kontinuität des allgemeinen Geschäftsbetriebes konzentriert
- reduziert das Risiko auf ein akzeptables Niveau
- plant die Wiederherstellung der notwendigen Geschäftsprozesse und unterstützenden Funktionen im Schadensfall

ITSCM:

- ist ein Bestandteil des BCM-Prozesses
- legt den Fokus auf die Wiederherstellung der IT Services

Nicht die technischen Wünsche und Machbarkeiten, sondern die Geschäftsanforderungen sind für das ITSCM maßgeblich. Es muss sichergestellt werden, dass ein Unternehmen zu jeder Zeit mit einem vorher festgelegten Minimum an IT Services arbeiten kann.

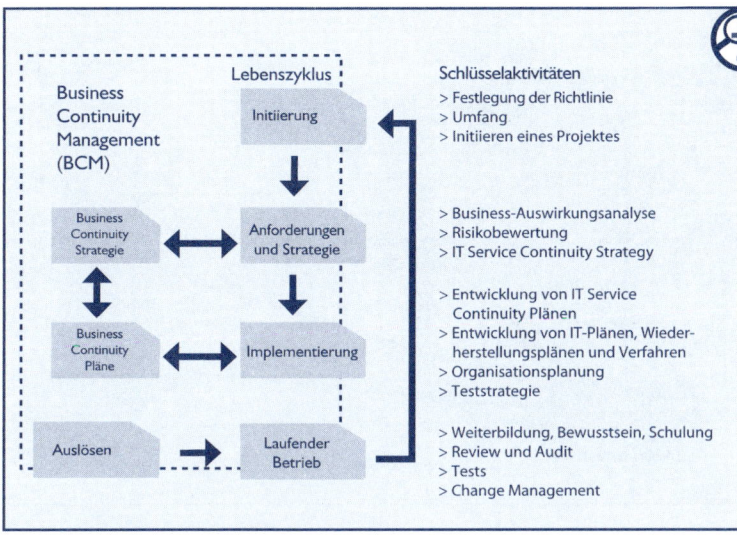

◀ **Abb.**
Lebenszyklus des
Service Continuity
Management

Source: Service Design
produced by OGC.

4.3.6 Supplier Management

Als eigenständiger Prozess im Rahmen des Service Design hat das Supplier Management die Aufgabe, Partner (Zulieferer) mit ihren gelieferten Services zu verwalten um eine dauerhafte Qualität der gelieferten IT-Services zu erreichen.

Die Zielsetzung des Supplier Management wird wie folgt definiert:

- Sicherstellen, dass Absicherungsverträge und Vereinbarungen mit Zulieferern den Anforderungen des Business entsprechen und dass diese mit den im SLM vereinbarten Zielen bezüglich SLR und SLA übereinstimmen
- Aushandeln und Vereinbaren von Verträgen mit Zulieferern und Verwaltung dieser über deren Lebensyzyklus
- Verwaltung von Lieferantenbeziehungen
- Bewerten von Zulieferern
- Verwalten von Richtlinien für Zulieferer und Unterstützung bei der „Supplier and Contract Database" (SCD) (Partner- und Vertragsdatenbank)

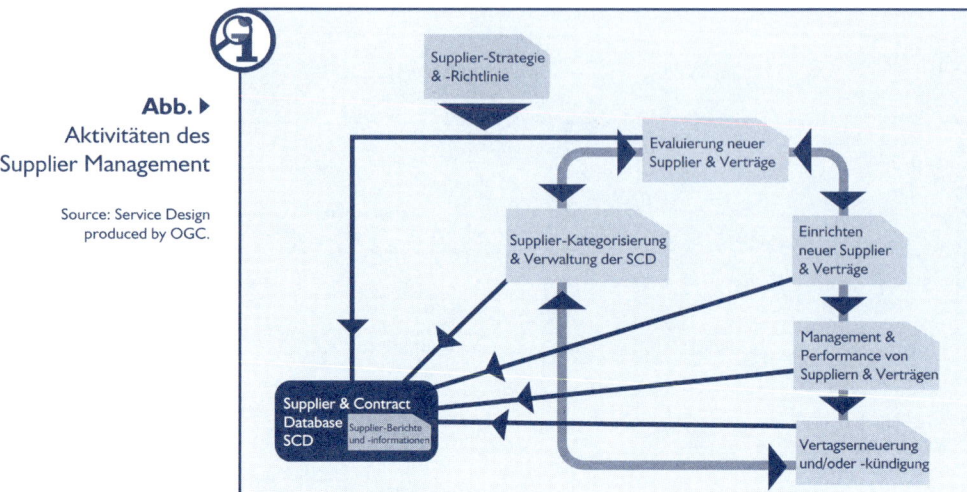

Abb. ▶
Aktivitäten des
Supplier Management

Source: Service Design
produced by OGC.

Basiskonzepte

Zentrale Aufgabe ist die Erstellung einer „Supplier and Contract Database" (SCD) (Partner- und Vertragsdatenbank) mit der Definition von Rollen und Verantwortungen sowohl auf Seiten der IT-Organisation als auch auf Seiten der Partner. Idealerweise sollte die SCD ein Teil des globalen CMS und SKMS sein, welches jegliche Daten und Informationen zu allen Partner sowie den erbrachten Leitungen bezüglich der Services beinhaltet.

4.3.7 Information Security Management

Information Security Management ist der Prozess, über den ein angemessener, definierter Grad an Sicherheit für die Informationen und IT Services erreicht werden soll. Im IT Service Management nach ITIL wird dieser Grad von den Kunden des IT Services oder von gesetzlichen Anforderungen definiert und vom Anbieter zugesichert. Damit wird dieser Grad an Sicherheit zum vereinbarten Bestandteil des Service Level Agreement.

Der dadurch angestoßene Information Security Managemen Prozess hat die Aufgabe, durch kontinuierliche Planung, Implementierung und Bewertung von Sicherheitsmaßnahmen das definierte Niveau an IT-Sicherheit aufrechtzuerhalten. Sicherheitsmaßnahmen betreffen das Personal, die Organisation, die Infrastruktur und die Technologie.

Eine weitere Aufgabe ist, die angemessene Reaktion auf Sicherheitsverletzungen („Security Incidents") sicherzustellen.

Information Security Management ist sowohl eine „Managementverantwortlichkeit" als auch eine Aufgabe aller Mitarbeiter, ihr Geschäft mit entsprechender Sensibilität bezüglich der Sicherheit zu betreiben.

Zielsetzung
Die Ziele des Information Security Management sind:

- Vermeidung von Sicherheitsverletzungen durch ein klares und sämtliche Abhängigkeiten berücksichtigendes Information Security Management
- angemessene und planvolle Reaktion auf Sicherheitsverletzungen
- Zusammenführung der Sicherheitsanforderungen und geschäftlichen Anforderungen
- Erstellung des Security-Plans u. a. zur Dokumentation der Anforderungen
- Festlegung von Toleranzen zur Abgrenzung eines vertretbaren Restrisikos
- Berücksichtigung von strategischen, taktischen und operativen Rahmenbedingungen

Der Prozess Information Security Management ist als ein Zyklus entsprechender Aktivitäten zu sehen:

Source: Service Design
produced by OGC.

Abb. ▶
Der Prozess Security
Management

Prinzipien des Information Security Management:

- Confidentiality (Vertraulichkeit von Daten)
- Integrity (Integrität, Vollständigkeit und Richtigkeit von Daten)
- Availability (jederzeitige Verfügbarkeit von Daten)

4.4 Die Rollen im Service Design

Um schnelle und genaue Entscheidungen zu treffen und erfolgreich umzusetzen, ist es wichtig, dass die Rollen klar definiert
sind:

Rolle	Kurzbeschreibung
Service Design Manager	Der Service Design Manager ist für die Koordination und Entwicklung von Qualitätslösungen für Services und Prozesse verantwortlich.
Service Catalogue Manager	Der Service Catalogue Manager ist für die Erstellung und Wartung des Service Catalogue (Servicekatalogs) zuständig.
Service Level Manager	Der Service Level Manager ist für die Einhaltung der Ziele des Service Level Management zuständig. Er muss sicherstellen, dass die gegenwärtigen und zukünftigen Anforderungen des Kunden identifiziert, verstanden und dokumentiert werden.
Availability Manager	Der Availability Manager hat die Verantwortlichkeit, dass die Ziele des Availability Management erreicht werden. Er muss ein Availability Management Information System (AMIS) als Basis für den Verfügbarkeitsplan pflegen.
IT Service Continuity Manager	Der IT Service Continuity Manager hat das Ziel, die Business Continuity zu unterstützen. Er stellt sicher, dass alle benötigten IT Services innerhalb der vereinbarten Zeiten wiederhergestellt werden.

Rolle	Kurzbeschreibung
Capacity Manager	Der Capacity Manager hat die Verantwortlichkeit, ausreichend Kapazität für existierende und zukünftige Anforderungen des Kunden zur Verfügung zu stellen. Er ist für das Erstellen des Kapazitätsplans zuständig.

Des Weiteren werden folgende Rollen im Service Design beschrieben:

- Supplier Manager
- IT Planner
- IT Designer/Architect
- Security Manager

4.5 Zusammenfassung Service Design

Ziele und Inhalte

- Entwurf von neuen oder geänderten Services für ihre Einführung in die Live-Umgebung
- Service Design definiert und designed Services und Service Assets (Policies, Architekturen und Portfolio) auf Basis der strategischen Ziele und Business Requirements
- Ermittlung der Kundenanforderung und Übersetzung in Service und Service Management Lösungen

Basiskonzepte & Grundprinzipien

- Service Portfolio Design
- Identifying SLRs
- Business Service Management
- Organizing for Service Design
- Business Impact Analysis
- Risk Analysis of Services and Processes
- Sourcing Models

Prozesse

- Service Level Management
- Service Catalogue Management
- Capacity Management
- Availability Management
- Service Continuity Management
- Information Security Management
- Supplier Management

Zentrale Rollen

- Service Design Manager
- Sevice Catalogue Manager
- Service Level Manager
- Availability Manager
- Security Manager

Funktionen

Keine Funktionen vorhanden

Benefits

- Reduzierung der Total Cost of Ownership (TCO)
- Verbesserung der „Service Konsistenz"
- Einfachere Implementierung von neuen oder geänderten Services
- Optimierung des „Service Alignments"
- Gesteigerte Effektivität in der Leistungs- fähigkeit (Anforderungserfüllung)
- Verbesserung im Zusammenspiel mit IT Governance

Die ITIL® Referenzkarten jetzt endlich auf iPhone und iPad!
Beziehbar im Apple Appstore

Mit Handykamera einscannen

5. KAPITEL

SERVICE TRANSITION

5.1 Einführung in Service Transition

Service Transition stellt Empfehlungen für die Entwicklung, Verbesserung und qualifizierte Übergabe von neuen oder geänderten Services in den operativen Betrieb zur Verfügung. Die Ausrichtung der Phase Service Transition gibt klare Anhaltspunkte dazu, wie die Anforderungen aus Service Strategy und Service Design in den operativen Betrieb, der in der Phase Service Operation beschrieben wird, zu überführen sind. Service Transition verbindet Best Practices aus den Gebieten Release Management, Projekt Management und Risiko Management und platziert diese in einen praktischen Gesamtzusammenhang im Umfeld des IT Service Management. Es werden Standards und Vorgehensweisen für die effektive Behandlung und das Managen von neuen oder zu ändernden Services und deren Einführung in den Betrieb definiert.

Durch die Anwendung der Best Practice Ansätze aus der Phase Service Transition können grundlegende Verbesserungen für Services, aber auch für das Service Management in seiner organisatorischen Ausgestaltung erzielt werden.

Service Transition ist als eine eigenständige Phase des Service Lifecycle zu verstehen, dies heißt jedoch nicht, dass diese Phase als eine eigenständige Phase auch im Gesamtkontext der Servicebetrachtung funktioniert. Es gibt zentrale Prozess-Inputs aus vorgelagerten Phasen wie Service Design, aber auch strategische Grundausrichtungen und Definitionen der Service Strategy, ohne die die Phase Service Transition ihren Beitrag zur Wertschöpfung für den Kunden nicht effektiv leisten kann.

Die wesentlichen Zielsetzungen der Phase Service Transition sind:

- Geordnete Überführung neuer oder geänderter Services in den operativen Betrieb ohne negative Auswirkungen auf die Geschäftsprozesse
- Planung und Managen der Ressourcen, die notwendig sind, um die neuen oder geänderten Services erfolgreich zu implementieren

- Definition und Bereitstellung der Release- und Kommunikationspläne
- Vorbereitung und Durchführung entsprechender Tests
- Durchführung der Betriebsübergabe und Bereitstellung eines „Early Life Supports"
- Definition und Anwendung grundlegender Qualitätssicherungs- und Validierungsmaßnahmen
- Bereitstellung notwendiger Informationen über die Services bzw. Servicestrukturen für den operativen Betrieb
- Management der Organisation und des kulturellen Wandels während des Überganges
- Das Service Knowledge Management System im Rahmen der Unterstützung der lernenden Organisation zur Verfügung zu stellen
- Integration der Projekte in den Betriebsübergang auf Basis ganzheitlicher Prozesse
- Steigerung der Kunden- und Mitarbeiterzufriedenheit durch die Einführung und Nutzung der Service Transition Practices

Im Rahmen der Service Transition erfolgt das Management von Change, Risiko und Qualitätssicherung sowie die übergreifende Anwendung von neu entwickelten Change-, Configuration-, Release- und Deployment-Prozessen mit der Sicherstellung einer zielgerichteten Betriebsüberführung. Des Weiteren werden die Bewertung und Risikoeinschätzung des Designs auf Basis des Service Design Packages, die validierte Betriebsübergabe sowie die Bewertung der ersten Betriebsphase und der Anlauf-Support (Early Life Support) durchgeführt.

5.2 Die Prozesse und Rollen in der Phase Service Transition

Die unten aufgeführten Prozesse sind in der Phase Service Transition angesiedelt. Man unterscheidet hierbei zwischen Prozessen, die den gesamten Service Lifecycle übergreifend betreffen und unterstützen und Prozessen, die ausschließlich im Rahmen der Transition-Phase Anwendung finden.

Prozesse, die den gesamten Service Lifecycle unterstützen:
• Change Management
• Service Asset and Configuration Management
• Knowledge Management

Prozesse, die stark fokussiert die Transition Phasen unterstützen:
• Transition Planning und Support
• Release and Deployment Management
• Service Validation und Testing
• Evaluation

Die Phase Service Transition beinhaltet neben den Management- und den Koordinationsaufgaben für die Prozesse entsprechende Systeme und Funktionen, um Aktivitäten wie Package, Build, Test und Deployment eines Release auf Basis der Kunden- und Stakeholderanforderungen überhaupt möglich zu machen.

Aus Sicht der Kunden ergeben sich zentrale Vorteile durch den Einsatz der Phase Service Transition in den Bereichen Flexibilität, Qualität, Wirtschaftlichkeit und Effizienz des IT Service Providers, was in der Summe zu einer schnelleren Betriebsüberführung sorgt und zu einer damit verbundenen verbesserten Betriebsstabilität führt.

Service Transition ist eine der drei Hauptphasen im Tagesbetrieb von IT Services und bildet die zentrale Schnittstelle zwischen Service Design und Service Operation.

Aus Sicht der Businessvorteile ergeben sich folgende zentrale Punkte, die sich als positive Effekte herausstellen, wenn diese Service Lifecycle-Phase mit ihren Prozessen implementiert wird:

- Möglichkeit, sich schneller auf neue Anforderungen und Marktentwicklungen einzustellen und damit kürzere Time-to-Market-Zeiten für neue Produkte und Geschäftsprozesse
- Besseres „Übergangsmanagement" bei Mergers, Acquisitions und Service-Transfer
- Steigerung der Erfolgsrate bei Änderungen und Releases für das Business
- Bessere Vorhersage von Service Levels und „Warranties" für neue oder geänderte Services
- Einhaltung der Compliance bezüglich der Anforderungen der Governance und des Business
- Flexibles Reagieren auf Variationen in den Ressourcen und Budgetplänen
- Produktivitätssteigerung des einzubindenden Personals des Business bzw. der Kunden (bessere Planung)
- Flexibles Reagieren auf sich ändernde Rahmenbedingungen
- Besseres Verständnis und Managen von Transferrisiken

Im Folgenden sind die einzelnen Prozesse im Rahmen der Service Transition Phase näher beschrieben.

5.2.1 Change Management

Einleitung

Die IT ist ein kritischer Erfolgsfaktor für das Kerngeschäft der Unternehmen. Studien zeigen, dass ein großer Anteil der im Betrieb auftretenden Störungen durch nicht autorisierte Änderungen verursacht wurde. Durch sich ständig ändernde Geschäftsanforderungen, verbunden mit dem Anspruch höchster Zuverlässigkeit und Qualität bezüglich der IT Services, bedarf es einer genauen Regelung und genauer Verfahren, die die Beurteilung und Einführung von Changes in den operativen Betrieb umfänglich und mit minimalem Risiko sicherstellen. Change Management beinhaltet die Betrachtung und Durchführung von Änderungen an Service Assets und Configuration Items über den gesamten Service Lifecycle.

Zielsetzung

Das Ziel des Change Management ist sicherzustellen, dass Änderungen in einer kontrollierten Weise registriert, bewertet, autorisiert, priorisiert, geplant, geprüft, durchgeführt, dokumentiert und nachgeprüft werden.

Dies muss durch die Verwendung standardisierter Methoden und Verfahren umgesetzt werden, um Änderungen schnell, effizient und autorisiert durchzuführen. Alle Änderungen zu Service Assets oder Configuration Items müssen registriert werden. Die Reduzierung von Störungen und Nacharbeiten sind wesentliche Benefits, die durch ein strukturiertes Change Management erreicht werden.

Basiskonzepte

Service Change:

Unter Service Change versteht man das Hinzufügen, Verändern oder Entfernen von autorisierten, geplanten oder unterstützenden Services oder Servicekomponenten und der dazugehörigen Dokumentationen mit dem Fokus auf Service Assets und Configuration Items.

Die sieben Rs des Change Assessment

Auf den nachfolgenden Kriterien baut das Change Assessment innerhalb des Change Management-Prozesses auf. Es ist wichtig, dass diese Punkte bei der prozessualen Abarbeitung von Changes berücksichtigt werden.

- RAISE (Einbringen): Wer hat den Change eingebracht?
- REASON (Grund): Was ist der Grund für den Change?
- RETURN (Ertrag): Welchen Ertrag soll der Change bringen?
- RISK (Risiko): Welche Risiken birgt der Change?
- RESOURCES (Ressourcen): Welche Ressourcen sind für die Durchführung des Change erforderlich?
- RESPONSIBLE (Verantvortlich): Wer ist für den Build, das Testen und die Implementierung des Change verantwortlich?
- RELATIONSHIP (Beziehung): Welche Beziehung besteht zwischen diesem Change und anderen Changes?

Change-Kategorien und -Risikoanalyse

Für die zielgerichtete Bewertung und Analyse von Request for Changes (RfC) werden Change-Kategorien und -Risikostufen gebildet, die in Form von Tabellen und Klassifizierungsmetriken als Unterstützungsinstrumente im Change Management-Prozess Anwendung finden. Diese Kategorisierung von Changes soll dabei helfen, das richtige Maß an Bürokratie auf das Risiko-Management von Changes anzuwenden. Bei kleinen Changes bedarf es nur kurzen Schritten der Risikoanalyse und des Risiko-Managements. Bei großen Changes ist ein höherer Aufwand zur Absicherung angebracht.

Die Priorität eines Change wird anhand der Kombination von Auswirkung (Impact) und Dringlichkeit (Urgency) bestimmt und liefert ein Indiz dafür, mit welcher Geschwindigkeit und Gewichtung ein bestimmter Change durchzuführen ist.

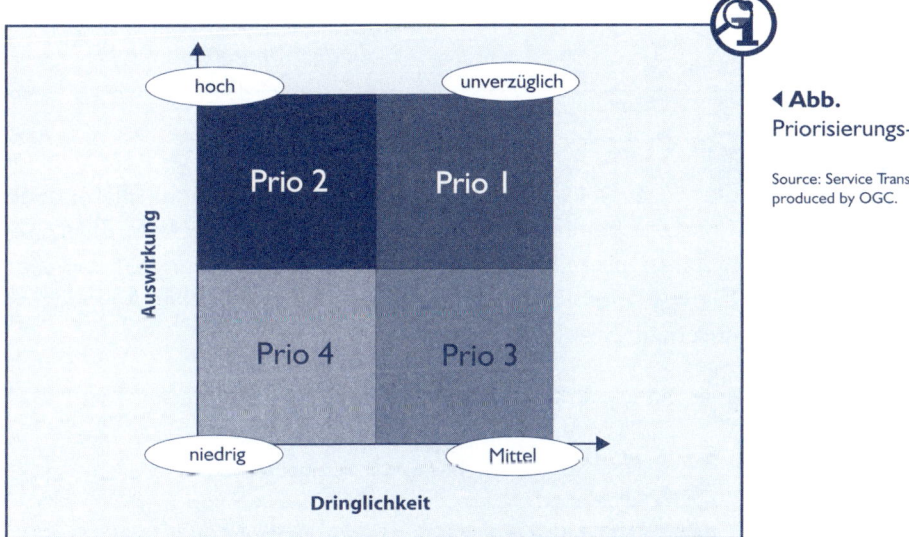

◀ **Abb.**
Priorisierungs-Matrix

Source: Service Transition produced by OGC.

Risikostufen oder Risikoklassen ermöglichen es, eine weiterführende Bewertung und Beurteilung von Changes hinsichtlich der Auswirkung auf den IT Service vorzunehmen (S. Abbildung nächste Seite).

Die folgende Abbildung zeigt beispielhaft eine Change Auswirkung (Change Impact) und eine Risiko-Kategorisierungs-Matrix (Risk Categorization Matrix).

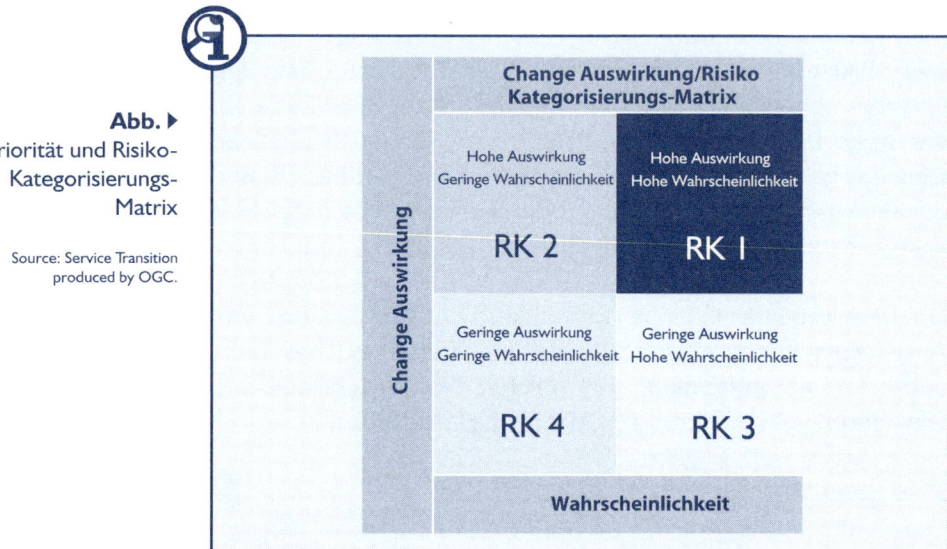

Der Prozess des Change Management

Der Change Management Prozess aus Sicht eines High-Level-Ansatzes beinhaltet die in der Grafik dargestellten Hauptaktivitäten, die je nach Change-Typ (Standard Change, Normaler Change oder Notfall Change) in unterschiedlicher Ausprägung durchzuführen sind.

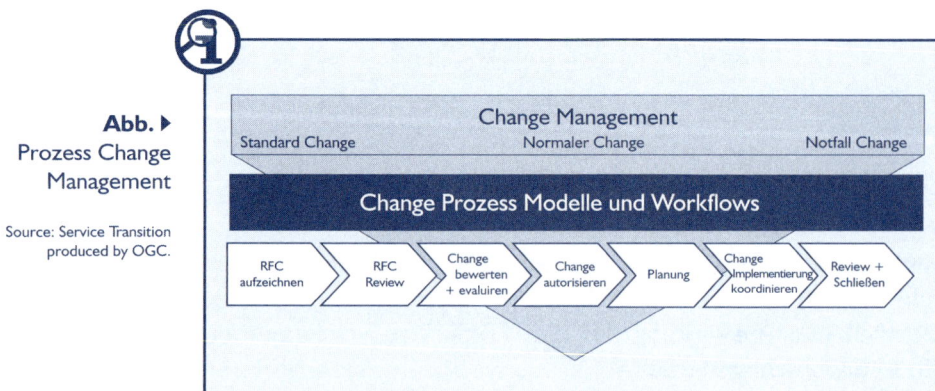

Als zentraler Prozess-Input ist der Request for Change (RfC) zu sehen. Der RfC wird von einem Change Requester verfasst und im Rahmen des Change Management dokumentiert und auf Vollständigkeit überprüft. Auf Basis weiterführender Evaluierungs- und Verifikationsaktivitäten erfolgt die Genehmigung bzw. Autorisierung des Change gemäß Freigaberichtlinien als eine Hauptaufgabe des Prozesses. Je nach Change-Klassifizierung bzw. -Kategorisierung und der damit verbundenen Priorität erfolgt die Genehmigung im Change Advisory Board (CAB) oder in Notfällen sogar durch das ECAB (Emergency CAB).

Ein zentrales Dokument im Rahmen des Change Management stellt der Change Schedule dar. Hierbei handelt es sich um einen Änderungskalender, in dem alle Changes zur besseren zeitlichen Koordination vermerkt sind.

Standard-Change (vorab autorisiert)
Standardisierbare Änderungen, die häufig auftreten, ein geringes Risiko aufweisen und deren Auswirkungen definiert sind, können in einem vom Change Manager vorab freigegebenen Katalog beschrieben werden. Diese Änderungen werden nach einem vereinfachten Prozessablauf durchgeführt und weisen feste Rahmenbedingungen auf. Standard Changes sind praktisch vorab genehmigt, sofern sie in der vorgegebenen Prozedur durchgeführt werden.

Normaler Change
Hierbei handelt es sich um Änderungen, die in der Regel eine gewisse Dringlichkeit und eine entsprechende Komplexität aufweisen. Zur Durchführung solcher Changes bedarf es einer übergreifenden Koordination und damit verbunden, auf Basis der Klassifizierung und Kategorisierung, einer entsprechenden Freigabeprozedur mit eventueller Einbindung des CAB und des IT-Management.

Notfall-Change
Sollten Änderungen kurzfristig und mit höchster Dringlichkeit

notwendig werden, muss ein Notfall Change durchgeführt werden. Dies ist regelmäßig der Fall, wenn eine gravierende Störung aufgetreten ist, die sich auf einen Service-Verlust oder schwerwiegende Nutzbarkeitsprobleme für eine große Anzahl von Nutzern bezieht. Die Durchführung dieses Change-Types erfolgt auf Basis klarer und kurzer Prozessstufen verbunden mit hoher Managementbeachtung.

Auf Basis der Change-Implementierung, bei der die Verantwortung des Change Management vordergründig in der Koordinierung liegt, erfolgt abschließend das Post Implementation Review (PIR).

Notwendige Rollen im Kurzüberblick

Im Rahmen des Change Management spricht man von Change Authority für die Genehmigung und Freigabe der Changes, was folgende konkrete Bedeutung hat:

- eine formelle Autorität, Changes zu genehmigen
- kann einer Person oder einer Gruppe von Personen als Rolle zugewiesen werden
- Changes mit steigendem Risiko oder steigender Komplexität werden häufig auch einer „higher level authority" zugewiesen.

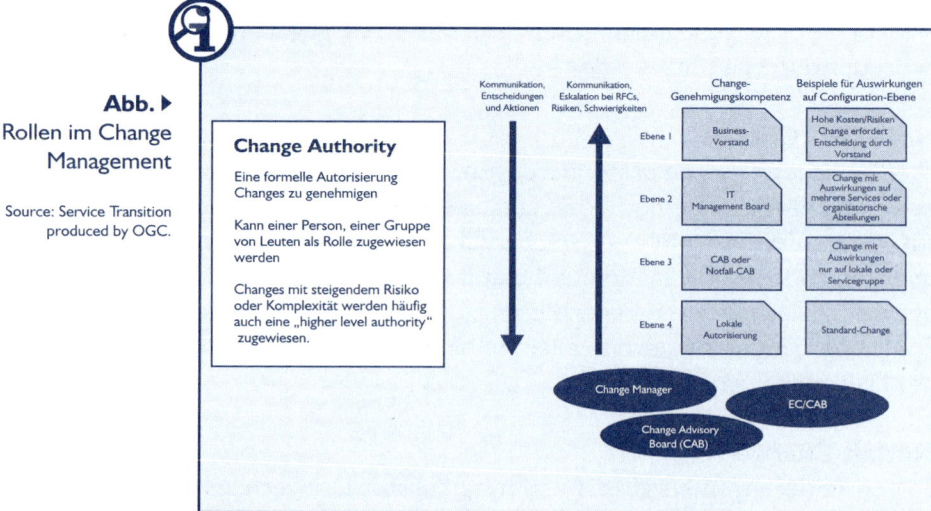

Abb. ▶
Rollen im Change Management

Source: Service Transition produced by OGC.

Für die Durchführung der Prozesse im Change Management sind folgende Rollen definiert:

Change Manager
Der Change Manager ist für den täglichen Betrieb und die Einhaltung des Change Management-Prozesses verantwortlich. Dazu zählt unter anderem die Sicherstellung, das der Prozess und die Prozessaktivitäten überwacht werden und dass, falls dies zur Verbesserung des Services erforderlich ist, Verbesserungen/Aktualisierungen vorgenommen werden. Regelmäßige Reviews des Change Management Prozesses, regelmäßiges und präzises Reporting an das IT-Management und den Vorsitz sowie die Zusammensetzung und Koordination der CAB- und ECAB-Meetings gehören ebenfalls zu seinem Aufgabenbereich. Im Rahmen der Change Authority kann er die Kompetenz erhalten, Changes zu autorisieren.

Change Advisory Board (CAB)
Das Change Advisory Board ist das Gremium, das den Change Manager bei der Genehmigung der Changes einer hohen Kategorie (significant; major) unterstützt. Der Change Manager hat den Vorsitz des CAB, lädt ein und moderiert die Sitzung. Die Zusammensetzung des Boards kann sich von Sitzung zu Sitzung aufgrund der anliegenden Changes unterscheiden.

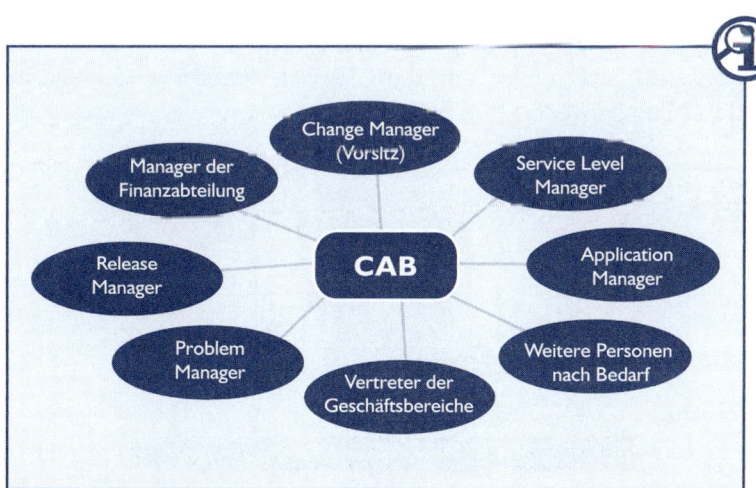

◀ **Abb.**
Beispielhafte Zusammensetzung des Change Advisory Board

Emergency Change Advisory Board (ECAB)

Das Emergency Change Advisory Board (ECAB) ist ein Änderungsbeirat, der sicherstellt, dass kurzfristig notwendige Entscheidungen (z. B. in einem Notfall) bezogen auf vorgeschlagene Änderungen getroffen und umgesetzt werden können. Ziel ist, die Kontrolle über Änderungen auch in Notfall- oder sonstigen nicht geplanten Situationen aufrechtzuerhalten und auch hier die negativen Auswirkungen von Notfalländerungen auf den produktiven Betrieb so gering wie möglich zu halten. Das ECAB wird z. B. in Form einer ad hoc einberufenen Telefonkonferenz abgehalten. Für die Initiierung und die richtige Zusammensetzung des ECAB ist der Change Manager verantwortlich.

Die zentrale Schnittstelle zum Service Asset and Configuration Management

Das Change Management in seiner zentralen Verantwortung für alle Changes innerhalb der IT-Infrastruktur autorisiert, plant, steuert und kontrolliert die Durchführung von Change-Maßnahmen. Es bedient sich dazu einerseits intensiv des aktuellen Informationsgehalts des CMS (Configuration Management System), veranlasst andererseits aber auch die erforderlichen Änderungen, die durch das Service Asset and Configuration Management entsprechend nachgehalten werden müssen.

Folgende Abbildung zeigt das Zusammenspiel zwischen dem Change Management und dem Service Asset and Configuration Management:

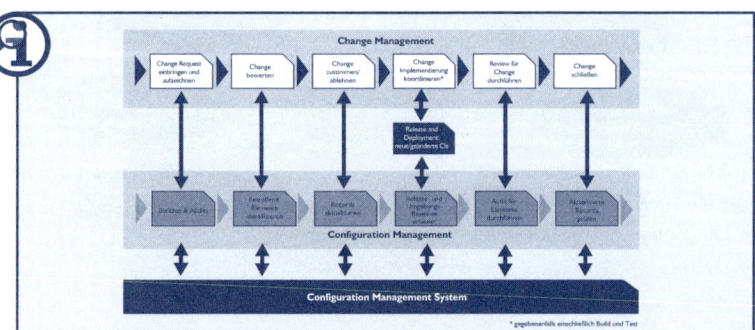

Abb. ▶
Zusammenspiel zwischen Change Mgmt. und Service Asset und Configuration Mngt.

Source: Service Transition produced by OGC.

Die Zusammenarbeit zwischen dem Service Asset and Configuration Management und dem Change Management ist daher sehr intensiv und ausgeprägt.

Integration des Change Management in den Gesamtkontext des Service Lifecycle
Change Management gehört zu den Prozessen, die den gesamten Service Lifecycle unterstützen. Die Aktivitäten finden somit nicht nur dediziert in einer Phase Anwendung, sondern haben ihre Relevanz und Informationsschnittstellen auch in anderen Service Lifecycle Phasen wie Service Design und Service Operation.

Da man in ITIL die Change-Aktivitäten auf strategischer, taktischer und operativer Ebene sieht und definiert, findet man diesbezüglich auch die Verbindungen u. a. zum Serviceportfolio, aber auch zur Betrachtung der Supplier, wie folgende Abbildung zeigt:

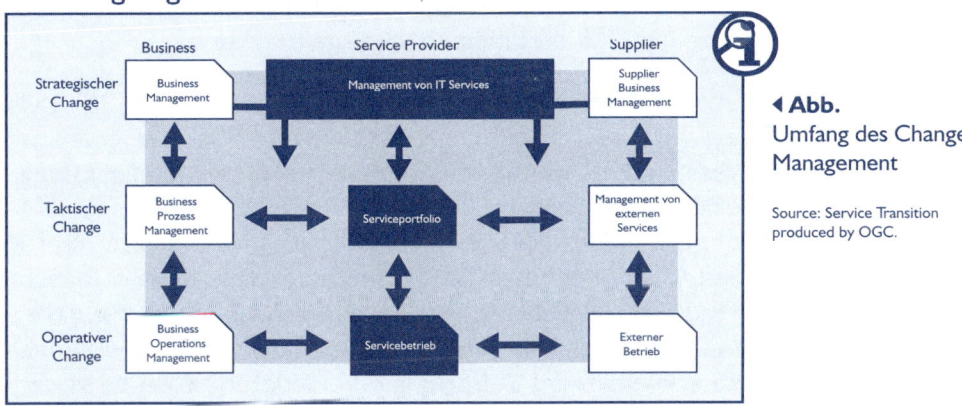

◀ **Abb.**
Umfang des Change Management

Source: Service Transition produced by OGC.

Benefits
Folgender Nutzen und damit verbundene Vorteile können für das Change Management im Gesamtkontext der Service- und Phasenorientierung genannt werden:

- geringere Zahl fehlerhafter Changes
- bessere Kommunikation mit Kunden
- weniger Betriebsunterbrechungen durch sinnvolle Zusammenfassung von Changes

- wertvolle Managementinformation und damit auch grundlegende hochwertige Informationen über die Servicequalität
- höhere Produktivität der Kunden und IT-Mitarbeiter

5.2.2 Service Asset and Configuration Management (SACM)

Einleitung

Die komplexe Abbildung der Geschäftsprozesse durch die IT macht es inzwischen zur Herausforderung, einen einheitlichen Überblick über die zentralen IT-Komponenten (Hardware, Software und Dokumente) und IT Services zu erlangen. Das Wissen um die genaue Zusammensetzung und die Abhängigkeiten der IT-Komponenten ist zu einem wichtigen Erfolgsfaktor für die zuverlässige Erbringung von IT Services geworden.

Insbesondere Informationen über funktionale Abhängigkeiten, um im Falle eines Ausfalls Nebeneffekte und Kettenreaktionen schnell erkennen zu können sowie die genaue Zusammensetzung der IT-Assets müssen dargestellt werden.

Service Asset and Configuration Management (SACM) stellt ein logisches Modell der verwendeten IT-Komponenten zur Verfügung. Dazu werden alle verwendeten Konfigurationseinheiten (Configuration Items, CI) und Service Assets identifiziert, kontrolliert, bei Veränderungen aktualisiert und in Bezug auf ihre jeweilige Version überprüft. Dieses logische Modell ermöglicht es, die Zusammenhänge und wechselseitigen Abhängigkeiten von unterschiedlichen Konfigurationen zu erkennen und in Bezug auf Veränderungen zu bewerten. Das Service Asset and Configuration Management trägt damit zur Risikobeurteilung und Risikominimierung bei.

Zielsetzung

Das Ziel von SACM ist, ein logisches Modell der IT-Infrastruktur, der damit zusammenhängenden IT Services und der unterschiedlichen IT-Komponenten (physikalisch und logisch) bereitzustellen und zu pflegen.

Aus dieser übergeordneten Zielsetzung lassen sich folgende Ziele ableiten:

- Definition und Steuerung der Bestandteile eines IT Services und der dazugehörigen Infrastruktur and Pflege der aktuellen Konfigurationsdaten
- Einhaltung der Anforderung der Corporate Governance, die Asset-Basis zu steuern, die Kosten zu optimieren und Änderungen bzw. Releases effektiv zu managen sowie Incidents und Probleme schneller zu lösen
- vollständiges „Lifecycle Management" der IT-Komponenten und der Service Assets

Hiermit wird ein Configuration Management System bereitgestellt, das neben den Configuration Items und deren Beziehungen auch eine erweiterte Sicht auf Daten wie Incidents, Problems, Known Errors und Changes zur Verfügung stellt.

Im CMS (Configuration Management System) werden logische und physikalische Beziehungen zwischen Service Assets und Configuration Items dargestellt.

Folgende Grunddefinitionen lassen sich anhand des IT Service-Baums verdeutlichen:

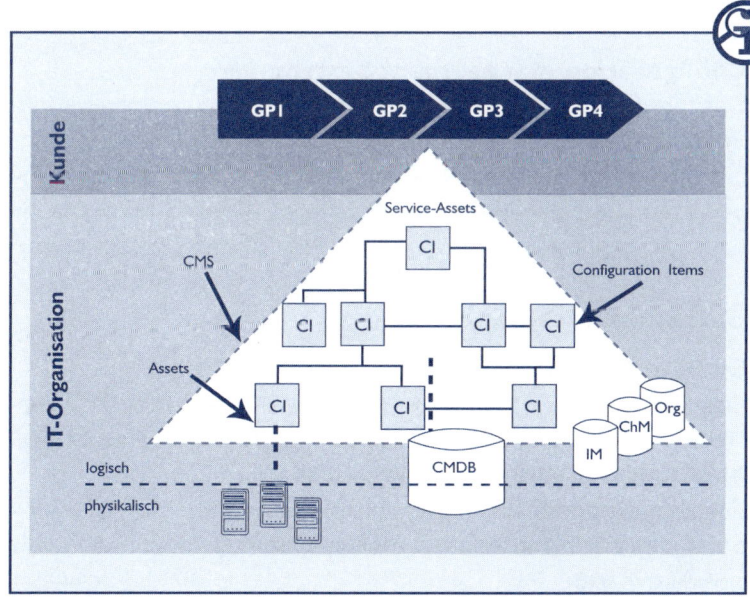

◀ **Abb.**
SACM - Begriffs
abgrenzung

Service Asset

Fähigkeiten und Ressourcen eines IT-Dienstleisters, die direkten Einfluss auf die Wertschöpfung der Kunden Assets haben und damit die Performance der Kunden Assets und Organisation des Business wertbringend beeinflussen

Configuration Item (CI)

Ein CI ist eine in sich geschlossene logische Konfigurationseinheit, die einen signifikanten Bestandteil der IT-Infrastruktur und IT-Organisation abbildet und dem Managen und der Steuerung der Bereitstellung von IT Services dient. Darunter fallen Hardware- und Softwarekomponenten, aber auch Vertrags- und Betriebsdokumente sowie Service Lifecycle CI und Service CI.

Asset

(Materieller oder immaterieller) Vermögenswert im Unternehmen (z. B. PC, Drucker, Software, Daten etc.). Service Assets stellen einen besonderen Typ von Assets dar und können einer der folgenden Kategorien angehören: Organisation, Prozesse, Wissen, Mitarbeiter, Informationen, Anwendungen, Infrastrukturen, finanzielles Kapital.

Configuration Management System

Das Configuration Management System (CMS) beinhaltet alle Informationen über CIS bezüglich des definierten Scope. Im CMS werden die Beziehungen zwischen den Servicekomponenten und den Incidents, Problems, Known Errors oder Changes gepflegt.

Basiskonzepte

Das Configuration Model

Das Configuration Management liefert ein Modell zu den Services, Assets und der Infrastruktur durch die Definition und Abbildung von Beziehungen zwischen Configuration Items. Dies hat für andere Prozesse, besonders im Rahmen des Support, einen entsprechenden Mehrwert für die dort notwendigen Aktivitäten.

Folgende Beispiele stellen den Nutzen für andere Prozesse dar:

- Bewertung der Auswirkung von anstehenden Änderungen
- Planung und Design von neuen oder geänderten Services
- Planung von Erneuerungen/Austausch von Technologie
- Planung von Release- und Deployment-Paketen für unterschiedliche Standorte

Definitive Media Library (DML)

Ein oder mehrere Standorte, an dem die endgültigen und genehmigten Versionen aller Software Configuration Items sicher gespeichert sind. Die DML kann darüber hinaus zugehörige CI wie Lizenzen und Dokumentationen beinhalten. Die DML ist als einzelner logischer Speicherbereich definiert, auch wenn sie in verschiedene Speicherorte aufgeteilt ist. Die gesamte Software in der DML untersteht der Steuerung des Change und Release Management und wird im Configuration Management System erfasst. Für ein Release ist ausschließlich der Einsatz von Software aus der DML akzeptabel.

Die Definitive Media Library ist die Zusammenführung der Definitive Software Library (DSL) und des Definitive Hardware Store (DHS) aus ITIL v2. Den Definitive Hardware Store gibt es so in seiner ursprünglichen Ausrichtung nicht mehr. Es wurde hier nun der Fokus stark auf die Softwarekomponenten gelegt.

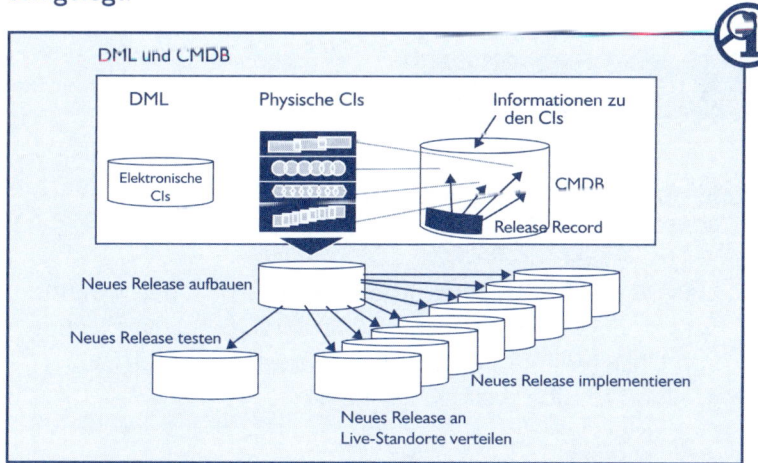

◄ **Abb.**
Configuration
Management Database und DML

Source: Service Transition
produced by OGC.

143

Configuration Management System (CMS)

CMS ist eine übergreifende Systemdimension (ein logisches Datenmodell), die die physikalischen CMDB und DML beinhaltet und eine weiterführende Sicht auf die Daten liefert, die alle anderen ITSM-Prozesse benötigen.

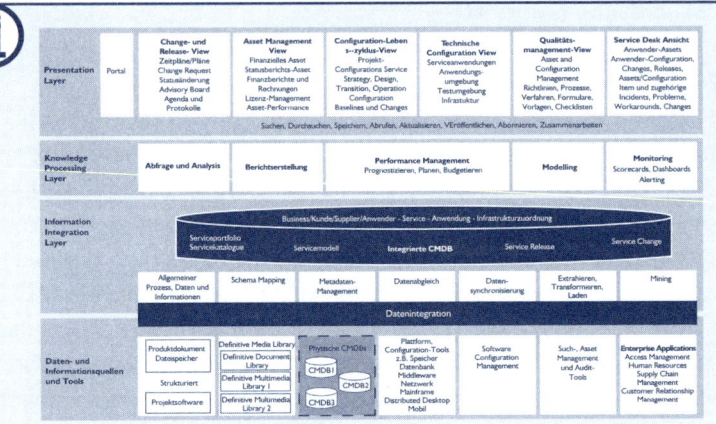

Abb. ▶
Configuration
Management System
- Beispiel

Source: Service Transition
produced by OGC.

Das Configuration Management System (CMS) beinhaltet alle Informationen für CI bezüglich des definierten Scope. CMS wird für die Erfüllung vieler Zwecke genutzt, die auch im Bereich des Financial Asset Management, des Einkaufs etc. liegen. Im CMS werden die Relationen zwischen den Servicekomponenten und den Incidents, Problems, Known Errors oder Changes gepflegt.

 Best Practice

Eine gut durchdachte CMDB kann die Welt nicht retten… aber sie ein gutes Stück besser machen!

Unsere CMDB-basierte Impact-Analyse ist der lebende Beweis dafür, wie die Daten in der CMDB bei der Planung von Changes auf Knopfdruck analysiert und bereichsübergreifend genutzt werden können.

iET Solutions wurde im Rahmen eines zweitägigen Beauty Contest auf Herz und Nieren geprüft und trat als klarer Sieger in Punkto Usability sowie durchgängige Prozesslandschaft hervor. Die vielfältigen Möglichkeiten, die sich dadurch heute für uns eröffnen, unterstreichen noch einmal mit Nachdruck, dass EnBW sich für iET Solutions als langfristigen Partner absolut richtig entschieden hat.

Mit Handy scannen und mehr erfahren

Mathias Linsenmayer,
Prozessverantwortlicher Change
Management, EnBW Systeme
Infrastruktur Support GmbH

www.iet-solutions.de
info@iet-solutions.de

Prozess und Hauptaktivitäten von SACM

Der Configuration Management-Prozess aus Sicht eines High-Level-Ansatzes beinhaltet die in der Grafik dargestellten Hauptaktivitäten, die sich auf die Bausteine Modification, Information and Reporting und Verification and Auditing fokussieren. Die zuvor genannten drei Bausteine sind aus Sicht des operativen Betriebes die wesentlichen Prozesse, die eine qualitäts- und aufwandsgerechte Pflege der CMS/CI-Daten ausmachen.

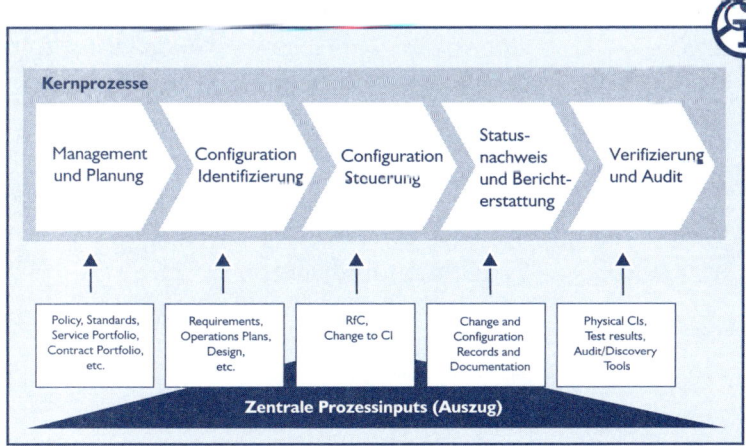

◄ **Abb.**
SACM - Prozesse und Kernaktivitäten

Source: Service Transition produced by OGC.

Ein Gesamtüberblick über die Prozesse und deren Hauptaktivitäten lässt sich der folgenden Tabelle entnehmen:

Prozess-aktivitäten	Kurzbeschreibung
Management und Planung	Festlegung der Strategie, von Grundsätzen (Policies) und Zielsetzungen für den Prozess. Analyse der bereits vorhandenen Informationen, Auswahl der Werkzeuge und Ressourcen, Einrichtung von Schnittpunkten mit anderen Prozessen, Projekten, Dienstleistern usw.
Configuration Identifizierung, Configuration Steuerung	Identifizierung der Configuration Items und deren Relationen zueinander für die Datenintegration in dem CMS. Speicherung aktueller und historischer Daten über den Status eines CI im Laufe seines Lebenszyklus. Sicherstellung, dass der Inhalt des CMS stets auf dem neuesten Stand ist, indem lediglich zugelassene und identifizierte CI eingesetzt, erfasst und überwacht werden
Status-nachweis und Berichter-stattung	Für den Statusnachweis werden alle Veränderungen an den CI festgehalten, automatisch eine entsprechende Historie gepflegt und Informationen darüber bereitgestellt oder abrufbar gehalten.
Verifizierung und Audit	Die Verifizierung der Daten in dem CMS erfolgt mithilfe von Audits der IT-Infrastruktur. Dabei wird geprüft, ob die erfassten CI (noch) existieren und ob die eingetragenen Daten korrekt sind.

Rolle	Aufgaben (Kurzbeschreibung)
Service Asset Manager	Management und Steuerung aller Aktivitäten und Prozesse, die die Service Assets u. a. aus strategischer Sicht betreffen
Configuration Manager	Management und Steuerung der operativen Prozessausführung gemäß Configuration Management Plan
Configuration Analyst	Durchführung von Analysen im Zusammenhang mit Changes auf struktureller Basis und Unterstützung bei Prozessdesign und Tool-Umsetzung bzw. -Weiterentwicklung
Configuration Administrator / Librarian	Aufbau, Weiterentwicklung und Betrieb des CMS und der DML, Customizing von Stammdaten und Strukturparametern, Datenarchivierung
CMS / Tool-Administrator	Evaluierung von CMS-Tools, Bewertung und Aufbereitung von Entscheidungsvorlagen, zuständig für das Monitoring hinsichtlich Performance und Kapazität

Notwendige Rollen im Kurzüberblick

Als organisatorische Rolle gibt es im Bereich des SACM das Configuration Control Board. Das Configuration Control Board ist notwendig, um sicherzustellen, dass die übergreifenden Policies, Anforderungen und Ausrichtungen des Configuration Management im Rahmen des Service Lifecycle aufgesetzt und ausgeführt werden und alle Aspekte eines kompletten Services abgedeckt werden.

Eine Zusammenlegung mit organisatorischen Rollen im Change Management ist allerdings möglich.

Integration des Service Asset and Configuration Management in den Gesamtkontext des Service Lifecycle

Service Asset and Configuration Management gehört zu den Prozessen, die den gesamten Service Lifecycle unterstützen. Die Aktivitäten finden somit nicht nur allein in der Phase Service Transition Anwendung, sondern haben ihre Relevanz und Informationsschnittstellen auch in anderen Service Lifecycle-Phasen wie Service Design und Service Operation. Das Configuration Management mit seinem CMS dient sämtlichen Prozessen innerhalb der Service Lifecycle-Phasen als primäre Informationsquelle. Auch dieser Prozess setzt auf verschiedenen Ebenen auf und findet somit seinen Einsatz nicht nur auf operativer Ebene zur Verwaltung von Infrastrukturelementen, sondern hat auch eine Verlinkung zur strategischen Ebene und zum Service Design und unterstützt die Abbildung zentraler Elemente und Sichtweisen. Hier werden z. B. auch Service Lifecycle CI (Business Case, Service Management Plan etc.) oder Service CI (Service Model, Service Package etc.) unter Berücksichtigung des Service-Portfolios mit in den Betrachtungsfokus integriert.

Wichtig ist, dass das im Rahmen des Service Asset and Configuration Management aufgebaute CMS nicht die Ersatzquelle für sämtliche Dokumentationen in der IT Organisation ist. Die Daten im CMS konzentrieren sich auf die Informationen, die im Rahmen des Service Management benötigt werden.

Benefits von SACM

Folgender Nutzen und damit verbundene Vorteile können für das Service Asset and Configuration Management im Gesamtkontext der Service- und Phasenorientierung genannt werden:

- verbessertes Asset Management und ganzheitliche Betrachtung der Service Assets im Rahmen des Service Lifecycle Management
- geringeres Fehlerrisiko durch Changes, da auf eine klare und eindeutige Struktur der Services und der Infrastruktur zurückgegriffen werden kann

- effektivere Unterstützung der Anwender im Rahmen der Störungsbehandlung im Incident Management und Ursachenanalyse im Bereich des Problem Management
- nicht authorisierten erhöhte Sicherheit vor Changes
- einfachere Erfüllung gesetzlicher Verpflichtungen und damit Anforderungsabdeckung der Corporate Governance
- Unterstützung des Budgetierungsprozesses
- basis für Service Level Management und Service Catalogue Management für den Aufbau und die Verhandlung von Services, Service-Modulen etc.

5.2.3 Transition Planning and Support

Wo die Häufigkeit und Komplexität von Änderungen an konkreten Komponenten zunimmt, ist eine übergreifende Planung und ein übergreifender Support für ein strukturiertes Änderungs- und Release Management notwendig. Die geordnete Vorbereitung und Durchführung einer Betriebsübergabe muss zur Steigerung der Durchführungsqualität von Changes für die IT-Organisation sichergestellt werden. Der Prozess stellt die übergreifende Planung und Koordinierung für die Bündelung von Changes und deren ordnungsgemäße Realisierung in der Infrastruktur sicher. Er erstreckt sich von der Release-Planung über die Steuerung der Test- und Abnahmeverfahren bis hin zur Backout- und Rollout-Planung auf organisatorischer und technischer Ebene. Dafür notwendig sind die Kenntnis der Lifecycle-Prozesse für Applikationen, Software- und Hardwarekomponenten, das nötige Integrations-Know how und die Kenntnis der Qualitätssicherungsstandards für die Übernahme und Inbetriebnahme von Release Packages bzw. Changes. Die Release Policy (als zentrales Dokument des Prozesses Transition Planning and Support) muss einerseits der Dynamik produktspezifischer Anwenderanforderungen gerecht werden und andererseits den Aufwand für die Release-Wechsel berücksichtigen. Kürzere Produktlebenszyklen werden hier immer mehr zur Herausforderung für den IT-Betrieb.

Zielsetzung:

- Planung und Koordinierung der benötigten Ressourcen, um sicherzustellen, dass der neue oder geänderte Service, der auf Basis der Kundenanforderungen im Service Design aufgebaut wurde, effektiv ausgerollt wird und die entsprechenden Grundlagen für den wertschöpfenden Betrieb in der Service Operation gelegt werden
- Identifizierung, Managen und Steuerung der Risiken und Fehlerquellen bzw. Unterbrechungen der übergreifenden Aktivitäten in Service Transition

Dies bedeutet:

- Planung und Koordinierung sämtlicher Ressourcen, die für die erfolgreiche Bereitstellung und Überführung von Änderungen an Services in die Produktivumgebung benötigt werden. Dies geschieht unter den Rahmenbedingungen zuvor festgelegter Kosten sowie Qualitäts- und Zeitkriterien.
- Sicherstellung, dass alle involvierten und mit der Durchführung beauftragten IT-Bereiche den übergreifenden Standards und wieder anwendbaren Prozessen folgen, um die Effektivität und die Effizienz einer integrierten Planung und Koordination zu verbessern.
- Bereitstellung klarer und übergreifender Pläne, die es dem Kunden und dem Business ermöglichen, ihre Projekte mit den Aktivitäten der Service Transition-Phase abzugleichen und sie daran auszurichten.

Hauptaktivitäten im Prozess Transition Planning and Support

Die Hauptaufgaben von Transition Planning and Support bestehen darin, vorbereitende und übergreifende Grundvoraussetzungen (z. B. Policies, Framework, Scope etc.) für die Phase Service Transition zu schaffen und Basisinformationen sowie Durchführungsstandards (z. B. Delivery Requirements, Acceptance Criteria, Configuration Baselines, Transition Plans etc.) bereitzustellen. Im Rahmen der weiterführenden Operational Execution, d. h. der Ausführung der operativen Aktivitäten innerhalb der anderen Prozesse der Phase Service

Transition, erfolgt die Übernahme von unterstützenden und übergreifend aufgesetzten administrativen Aufgaben.

Folgende Darstellung soll die Hauptaktivitäten innerhalb des Prozesses Transition Planning and Support auf Basis einer High-Level-Darstellung verdeutlichen:

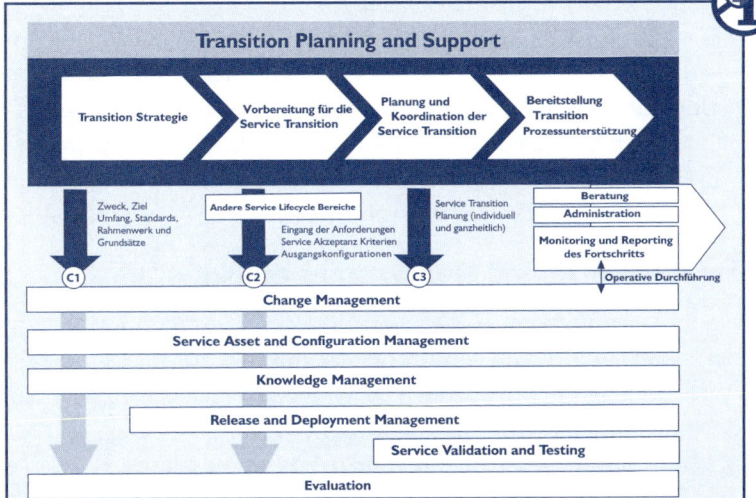

◄ **Abb.**
Transition Planning &
Support

Source: Service Transition
produced by OGC.

Integration von Transition Planning and Support in den Gesamtkontext des Service Lifecycle

Dieser Prozess und seine Aktivitäten sind als ein übergreifender Baustein innerhalb der Phase Service Transition zu verstehen. Er übernimmt übergreifende Planungs und Koordinierungsaufgaben sowie die Definition von Standards im Zusammenspiel sämtlicher Service Transition Prozesse (z. B. Change Management, Service Asset and Configuration Management, Release and Deployment Management, Service Validation and Testing etc.). Dies sorgt für eine Effizienzsteigerung der gesamten Service Lifecycle Phase. Eine detaillierte und eindeutige Abgrenzung zu den Planungsaufgaben der einzelnen Prozesse innerhalb von Service Transition ist hierbei jedoch nicht gegeben. Diese konkrete Abgrenzung hängt stark von der individuellen Umsetzung der Service Transition-Prozesse in der Praxis ab.

Benefits:

- Ein effektiver Prozess und die damit verbundenen übergreifenden Vorgehensweisen im Bereich Transition Planning and Support werden zu signifikanten Verbesserungen für einen Service Provider, bezogen auf die Abwicklung steigender Change- und Release-Volumen entlang der entsprechenden Kundenbasis, führen.
- Ein integrierter Ansatz zur Verbesserung der Service Transition Planungen und zur Ausrichtung dieser auf die Pläne der Kunden, der Supplier und auch auf die Business-Projektpläne führt zu einer gesamtheitlichen Effizienzsteigerung mit spürbar positiven Effekten auf die kritischen Erfolgsfaktoren wie Zeit, Qualität und Kosten.

5.2.4 Release and Deployment Management

Heutzutage werden IT-Organisationen von ihren Kunden u. a. daran gemessen, wie schnell und flexibel sie auf sich ändernde Anforderungen bezüglich IT Services reagieren und sie deren Einführung in das betriebliche Umfeld zielgerichtet und störungsfrei umsetzen. Dazu bedarf es klarer Prozesse und Prozessschnittstellen, die genau diese Anforderungen auf Basis klarer Richtlinien und Vorgehensmodelle sicherstellen.

Das Release and Deployment Management hat einen ganzheitlichen Blick auf Änderungen an den IT Services und stellt sicher, dass alle Aspekte eines neuen Release – sowohl in technischer als auch in organisatorischer Hinsicht – bereichsübergreifend betrachtet und beurteilt werden. Als ausführende Funktion übernimmt das Release and Deployment Management die praktische Umsetzung von freigegebenen Changes und sorgt nach erfolgreichem Rollout der Änderungen an der IT-Infrastruktur für die Aktualisierung der Dokumentation für die betroffenen Configuration Items. Damit hat das Release and Deployment Management auch eine zentrale Bedeutung für die Qualitätssicherung und für die Pflege der Informationen im Configuration Management System (CMS). Sowohl die Freigabe neuer Hard- und Software anhand der gültigen Release-Richtlinien als auch die Planung und Bereitstellung des Rollout-Verfahrens für freigegebene Soft- und Hardware fällt in das Zuständigkeitsgebiet.

Zielsetzung:
- Die Zielsetzung des Release and Deployment Management sind die Erstellung, das Testen und die Bereitstellung bzw. Übergabe der Releases gemäß den Service Design Packages für die Produktivumgebung.
- Sicherstellung eines zielgerichteten und effektiven Rollouts in der Produktivumgebung und einer damit verbundenen Mehrwerterzeugung für den Kunden

Aus dieser übergeordneten Zielsetzung lassen sich folgende Aussagen ableiten:

- Es gibt klare und umfassende Release- und Deployment-Pläne, die es dem Kunden und Anwendern ermöglichen, ihre Tätigkeiten an diese Pläne auszurichten.
- Ein Release Package kann gebaut, installiert, geprüft und effizient einer definierten Zielgruppe nach der Planung ausgerollt werden.
- Es gibt nur minimale unvorhersagbare Auswirkungen auf die produktiven Services durch den Rollout von Releases. Damit werden negative Auswirkungen auf die Produktivität der durch die IT Services unterstützten Geschäftsprozesse weitestgehend vermieden.

Basiskonzepte
Folgende Grunddefinitionen werden hier näher erläutert:

Release Unit
Komponenten eines IT Services, die üblicherweise im selben Release veröffentlicht werden. Eine Release Unit umfasst in der Regel genügend Komponenten, um eine nützliche Funktion auszuführen. Eine Release Unit könnte z. B. ein Desktop-PC mit Hardware, Software, Lizenzen, einer Dokumentation usw. sein. Eine weitere Release Unit könnte die gesamte Anwendung für die Lohnbuchhaltung sein, einschließlich IT-Betriebsverfahren und Anwendertrainings.

Release Package
Ein Release Package kann eine einzelne Release Unit, aber

auch ein strukturiertes Set von Release Units sein, die nach standardisierten Richtlinien und Vorgaben in den produktiven Betrieb überführt werden sollen.

Release- und Deployment-Modelle

Release- und Deployment-Modelle definieren Mechanismen, Prozeduren und Richtlinien, die sich auf die Grundlagen und Vorgaben des Service Designs beziehen und Folgendes definieren:

- die Release-Struktur – übergreifende Struktur für das Bilden des Release Packages
- die Start- und Abbruchkriterien mit ihren Pflichtprodukten und optionalen Ergebnissen sowie der Zielumgebung
- die Rollen und Verantwortlichkeiten für jedes CI auf jedem Release-Level
- die Release-Ankündigung und Configuration Baseline
- Release-Templates und Deployment-Pläne, Tools und Prozeduren zur Dokumentation und Überwachung der Aktivitäten
- Übergabekriterien, Aktivitäten und Verantwortlichkeiten

Das Service-V-Model als das grundlegende Basiskonzept (Key Principle) im Bereich der Service Transition-Phase.

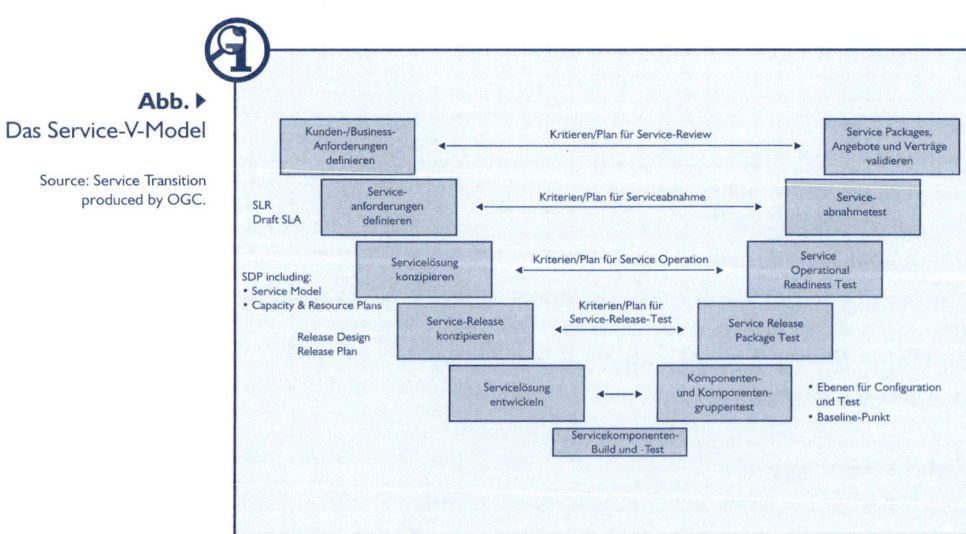

Abb. ▶
Das Service-V-Model

Source: Service Transition
produced by OGC.

Das Service-V-Model ist eine umfassende Projektmanagement-Struktur für die IT Systementwicklung. Sein Name bezieht sich auf die V-förmige Darstellung der Projektelemente wie IT-Systemdefinitionen und Tests, gegliedert nach ihrer groben zeitlichen Position und ihrer Detailtiefe (siehe Abbildung).

Die linke Seite zeigt die Spezifikation auf Basis der Service Requirements auf, die weiterführend im Rahmen des Service Design detaillierter aufgearbeitet wird. Die rechte Seite fokussiert sich auf die Validierungsmaßnahmen, die notwendig sind, um eine grundlegende Abnahme und damit eine Überführung in den Betrieb zu erlangen. Diese Maßnahmen müssen auf Basis der jeweiligen Stufe der linken Seite durchgeführt werden und damit müssen auch die entsprechenden Organisationen bzw. Mitarbeiter eingebunden werden. Es wird deutlich, dass der Startpunkt jeglicher Aktivitäten immer die Bedürfnisse und Anforderungen bezüglich eines Services sind.

Prozess und Hauptaktivitäten Release and Deployment Management

Ausgehend von den entsprechenden Freigaben im Rahmen des Change Management-Prozesses erfolgt die Autorisierung für die Release-Planung sowie die Build und Testaktivitäten. Basierend auf diesen Ergebnissen erfolgen in einer zweiten Stufe die Freigabe für das Deployment und die Einrichtung der Maßnahmen für den „Early Life Support". Nach der Durchführung des Deployment werden im Rahmen eines spezifischen Deployment Post Implementation Review das Ergebnis und die Bewertung hinsichtlich der Zielerreichung, bezogen auf die gestellten Anforderungen, überprüft und ggf. Anpassungen eingeleitet und durchgeführt.

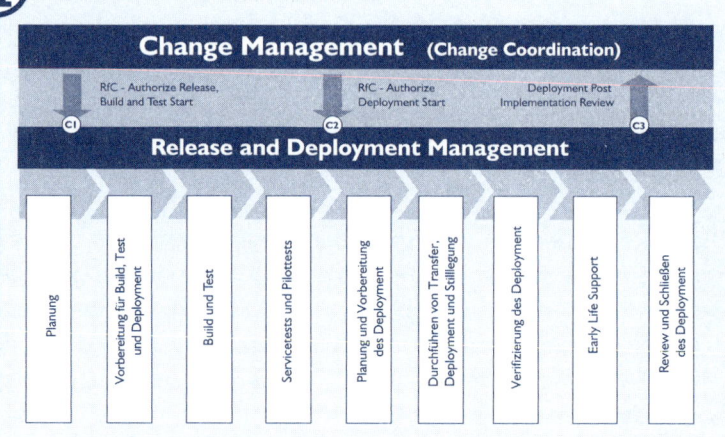

Abb. ▶
Realease & Deployment Management

Source: Service Transition produced by OGC.

Notwendige Rollen im Kurzüberblick:

Rolle	Aufgaben (Kurzbeschreibung)
Release and Deployment Manager	Verantwortung (Auszug): Planung, Design, Build, Configuration und Testing aller Release Packages, End-to-End-Management des Release- Prozesses
Release Packaging and Build Manager	Verantwortung (Auszug): Bereitstellung des finalen Release, Build und Test des finalen Release, physikalische Lieferung der Service Release Packages
Deployment Staff	Unterstützung bzw. Durchführung der operativen Deployment-Tätigkeiten
Early Life Support Staff	Unterstützung bzw. Durchführung der operativen Unterstützungs- und Support-Aktivitäten

Integration des Release and Deployment Management in den Gesamtkontext des Service Lifecycle

Dieser Prozess hat im Vergleich zu den Prozessen Change Management und Service Asset and Configuration Management keine so übergreifende Bedeutung, die den ganzen Service Lifecycle betrifft. Release and Deployment Management ist ausschließlich auf die Phase Service Transition ausgerichtet und hat sicherzustellen, dass die Releases sowie der Rollout gemäß den Vorgaben aus dem Service Design, aber auch auf Basis der Stakeholder Requirements umgesetzt und durchgeführt werden. Klare und zielgerichtete Abnahme- und Übergabekriterien bilden die Schnittstelle zu Service Operation durch weiterführende „Subprozesse" wie Service Validation and Testing sowie Evaluation.

Benefits:
- schnellere und effiziente Bereitstellung von Releases für die Kunden in der Produktivumgebung bei Kostenminimierung
- Sicherstellung, dass die Kunden und die User den neuen oder geänderten Service nutzen können und dass damit die Zielsetzung und die damit verbundenen Anforderungen umgesetzt werden
- Verbesserung der Vorgehensweise für übergreifende Implementierungen
- Einführung und Überführung von Releases in die Produktivumgebung unter Berücksichtigung von wirtschaftlichen Aspekten auf Basis klar definierter und strukturierter Pläne und Qualitätssicherungsmaßnahmen
- Geringere Fehlerquote bei der verteilten Hard- und Software wegen:
  - einheitlicher Testszenarien
  - höherer Effizienz im Testvorgang
  - gesicherter Qualität

5.2.5 Service Validation and Testing

Das grundlegende Konzept, das hinter Service Validation and Testing liegt, ist die Qualitätssicherung. Da das Service Design neue oder geänderte Services oder Serviceangebote an das

Release and Deployment Management liefert, ist es eine essentiell notwendige Maßnahme, grundlegende Tests zur Validierung und Qualitätssicherung der auf Basis der Business Requirements erstellten Release Packages durchzuführen. Die Testdurchführung ist ein wesentlicher Bestandteil im Rahmen des Service Management. Würden solche qualitätssichernden Maßnahmen nicht durchgeführt, hätte dies nach erfolgter Produktivsetzung weitreichende Auswirkungen im Service Support-Umfeld:

- Auftreten von Störungen durch unzureichende Betrachtung der Servicezusammenhänge, deren Funktionen nicht aufeinander abgestimmt sind
- Verstärkte Anrufe beim Service Desk zwecks Fragen, Informationsbedarf und Störungsmeldungen
- Probleme und Fehler, die sehr schwierig in der operativen Umgebung zu diagnostizieren sind
- Die Kosten zur Fehlerbeseitigung sind höher, wenn die Fehler in der Produktionsumgebung gefixt werden müssen, als die einer zielgerichteten Überprüfung und Abnahme durch Business-Vertreter im Vorfeld der Produktivnahme.

Zielsetzung

Die Zielsetzung von Service Validation and Testing ist es sicherzustellen, dass der neue oder geänderte Service den geforderten Business Value liefert und das Release Package entsprechend der Design Requirements aufgesetzt wurde. Dies wird mittels strukturierter Tests und Qualitätsvorgaben überprüft.

Daraus lassen sich folgende Unterziele ableiten:

- Validierung des Services zum Nachweis, dass der Service die geforderte Performance unter Berücksichtigung der gesetzten Rahmenbedingungen liefert (Fit for purpose)
- Sicherstellung, dass ein Service den definierten Leistungsparametern entspricht und auf Basis strukturierter Tests und damit verbundener Optimierungen die Stabilität in der Servicebereitstellung (Fit for use) gegeben ist

Prozess und Hauptaktivitäten im Service Validation and Testing (Beispiel)

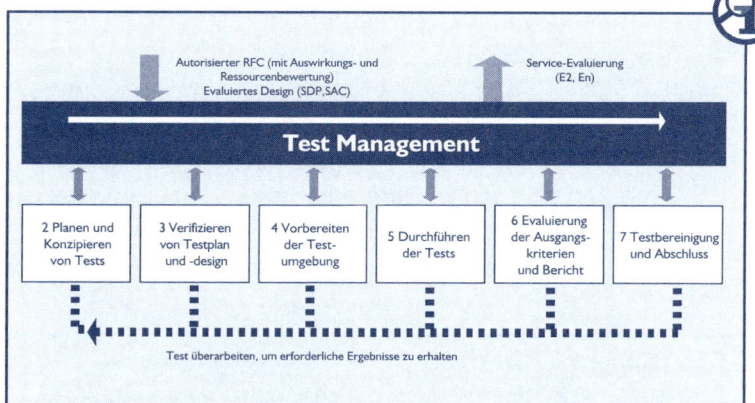

◄ **Abb.**
Service Validation
und Testing

Source: Service Transition
produced by OGC.

Die wesentlichen Aktivitäten im Service Validation and Testing sind in folgender Tabelle kurz beschrieben:

Prozess (-aktivität)	Kurzbeschreibung
Planen und Konzipieren von Tests	Auf Basis der Freigabe zur Release-Erstellung erfolgt auch die Planung und Ausgestaltung der Testaufgaben. Dazu gehören u. a.: • Art und Umfang der Tests • Infrastrukturelle Rahmenbedingungen • Testgruppen und zeitliche Planung
Verifizieren von Testplan und -design	Der Testplan zeigt die wesentlichen Elemente zur Durchführung des Tests auf. Hier sind im Wesentlichen zu überprüfen: • ob die zeitliche Planung der Tests und der Ressourcen aufeinander abgestimmt ist • ob die Testszenarien die notwendigen Anforderungen zur Erreichung und zum Nachweis der Business-Anforderungen enthalten • ob die Grundlagen zur Report-Generierung geschaffen wurden

Prozess (-aktivität)	Kurzbeschreibung
Vorbereiten der Testumgebung	Zur Vorbereitung der Tests muss noch die Infrastruktur für die Testdurchführung geschaffen werden. Dazu müssen die zu testenden Release Packages in einer die Produktivumgebung abbildenden Testumgebung aufgesetzt und die notwendigen Zugriffsrechte für Testanwender sichergestellt werden.
Durchführen des Tests	Die Tests werden aus verschiedenen Sichtweisen durchgeführt, wobei im Wesentlichen auf folgende Aspekte geachtet werden sollte: Es müssen zum einen inhaltliche funktionale Tests, aber auch Integrationstests (d. h. zum Datenaustausch per Schnittstelle, wenn erforderlich) und auch Infrastrukturtests (d. h. zur Einbindung und Einbettung der Release Packages in die Gesamtinfrastruktur des Services) durchgeführt werden.
Dokumentation der Ergebnisse und finaler Testreport	Alle durchgeführten Testszenarien und deren Ergebnisse müssen in standardisierten Test-Reports mit dem erzielten Ergebnis und Informationen über die Testperson(en) festgehalten werden.
Evaluierung der Ausgangskriterien und Bericht	Werden Tests mit negativem Ergebnis erzielt, so müssen die Ausstiegskriterien daraufhin überprüft werden, ob ein Testabbruch oder weiterführende Evaluierungsmaßnahmen eingeleitet werden müssen.

Prozess (-aktivität)	Kurzbeschreibung
Testbereinigung und Abschluss	Nach der Testdurchführung muss die Umgebung wieder zurückgesetzt und der Test bezüglich der erforderlichen Dokumentation und Berichte abgeschlossen werden. Eine übergreifende Evaluierung der Testergebnisse bezüglich notwendiger Anpassungen vor der Freigabe zum Rollout muss eingeleitet werden.

Benefits:

- Steigerung der Servicequalität durch gezielte Test- und Validierungsmaßnahmen
- Reduzierung der Wahrscheinlichkeit möglicher Serviceunterbrechungen nach Produktivnahme bestimmter Release Packages und/oder Services
- Einbindung der User durch deren Test und Abnahme auf Basis der Business Requirements schaffen die frühzeitige Akzeptanz und den notwendigen Unterbau zur Lieferung des Business Value
- Durchführung von strukturierten und detaillierten Test- und Validierungsmaßnahmen reduziert die Kosten der Nacharbeit und des Service Support

5.2.6 Evaluation

Evaluation ist ein generischer Prozess, der die Leistungsfähigkeit eines Services betrachtet und Aussagen über die qualitativen Ergebnisse, in Bezug auf eine Referenzsicht, macht. Des Weiteren liefert er die Grundlage für eine Freigabe der Weiterführung unter Berücksichtigung von Nutzen und Wirtschaftlichkeit.

Evaluation stellt eine konsistente und standardisierte Begründung bezüglich der Leistungsfähigkeit und Funktionen (Utility und Warranty) für einen Service Change im Gesamtkontext eines existierenden oder vorgeschlagenen Services bereit.

Die aktuelle Leistungsfähigkeit eines Services wird im Vergleich zu einer sich einstellenden Leistungsfähigkeit bezüglich eines Change analysiert und bewertet. Alle Abweichungen zwischen den beiden Sichtweisen werden herausgestellt und gemanagt.

Basiskonzepte
PDCA-Modell
Der Evaluierungsprozess verwendet zur Durchführung seiner Aktivitäten die Grundstrukturen des Plan-Do-Check-Act (PDCA)-Modells, um die Qualität aller Evaluationen und Evaluierungsschritte sicherzustellen.

Evaluation Report
Der Evaluation Report ist das zentrale Dokument im Rahmen des Prozesses Evaluation, der die Ergebnisse und notwendigen Steuerungsmaßnahmen dokumentiert und die Ausgangsbasis für notwendige Änderungen/Anpassungen oder Verbesserungen darstellt.

Der Evaluation Report enthält die folgenden Abschnitte:
Risikoprofil
Eine grundlegende Betrachtung des Restrisikos, nachdem eine Änderung implementiert wurde, ohne die relevanten Evaluierungsergebnisse in Betracht zu ziehen und nachdem ein entsprechender Maßnahmenkatalog bereitgestellt wurde.

Abweichungsreport
Das Delta zwischen der vorhergesagten und der geforderten Leistung zur aktuell vorhandenen Leistungsfähigkeit bezogen auf die geplante Change-Implementierung.

Qualification Statement (wenn angebracht)
Ein Statement, das auf Basis der Analyse der Testergebnisse und des Qualification Plan eine Aussage darüber trifft, ob die betrachtete Änderung eines bestimmten Service den Fokus auf eine strukturierte und gesteuerte Qualitätssicherung verloren hat oder nicht.

Validation Statement (wenn angebracht)

Ein Statement, das auf Basis der Analyse der Testergebnisse und des Validierungsplans eine Aussage darüber trifft, ob die betrachtete Änderung eines bestimmten Service den Fokus auf eine strukturierte und gesteuerte Validierung verloren hat oder nicht.

Empfehlung

Basierend auf den Faktoren und Inhalten des Evaluation Report sollte eine zusammengefasste Aussage bzw. Empfehlung an das Change Management zwecks Entscheidung zur Freigabe oder zum „Reject" des Changes und damit zum Stopp der weiteren Transition Steps gegeben werden.

Prozess und Hauptaktivitäten in der Evaluation

Die Hauptaufgabe des Prozesses Evaluation besteht darin, dass die aktuelle Leistungsfähigkeit eines Services im Vergleich zu einer sich einstellenden Leistungsfähigkeit bezüglich eines Change analysiert und bewertet wird und alle Abweichungen zwischen den beiden Sichtweisen herausgestellt und gesteuert werden. Aus diesem Grund soll hier ein High-Level-Evaluation Process Model als Beispiel aufgezeigt werden.

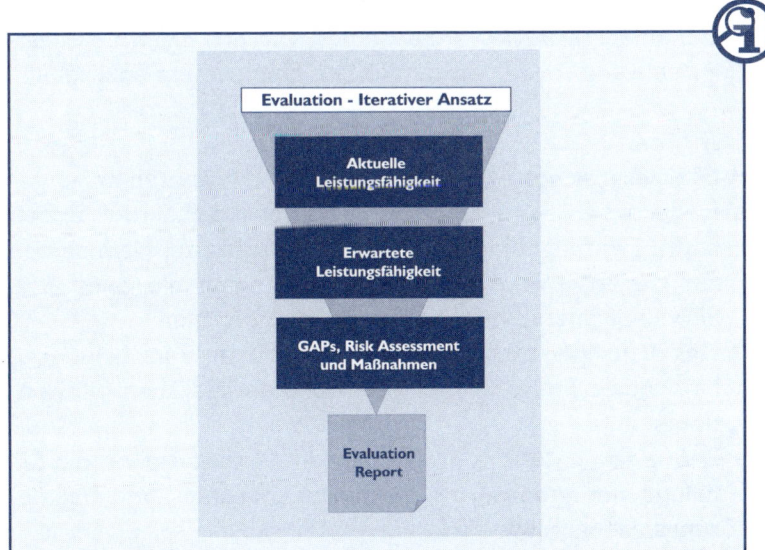

◄ **Abb.**
Evaluation

Source: Service Transition produced by OGC.

Darüber hinaus gibt die folgende Abbildung Hinweise darauf, wie der Prozess Evaluation im Rahmen der Prozessintegration mit anderen Prozessen aus dem Service Transition positioniert ist.

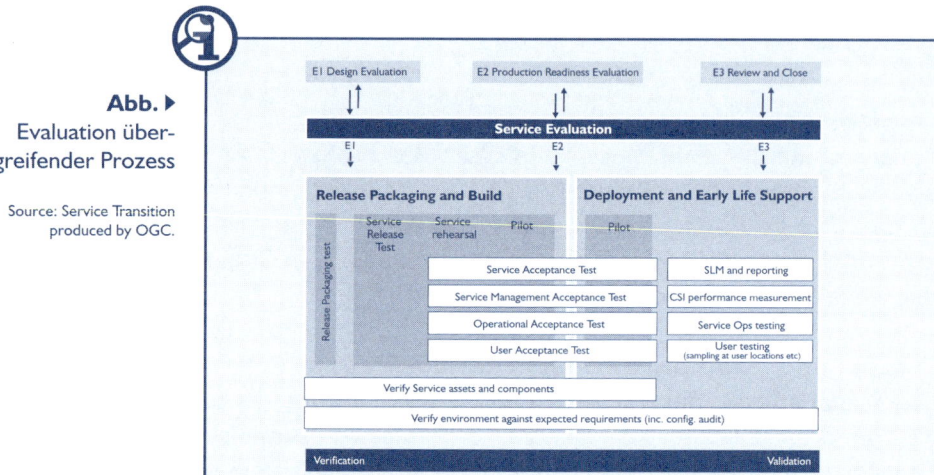

Abb. ▶
Evaluation über-
greifender Prozess

Source: Service Transition
produced by OGC.

Evaluation ist ein übergreifender Prozess, der schon im Rahmen der Erstellung des Service Design Package zum Einsatz kommt und dessen Aktivitäten sich durch die gesamte Service Transition-Phase iterativ fortsetzen. Als wichtige Meilensteine dabei sind die Review-Maßnahmen vor und nach der Testdurchführung sowie vor dem finalen Deployment anzusehen.

Benefits:
- Die zielgerichtete Überprüfung der erwarteten bzw. geforderten Leistungsfähigkeit gegenüber der aktuell erzielbaren Leistungsfähigkeit ermöglicht, frühzeitig Maßnahmen zur Gegensteuerung einzuleiten und damit die geforderte Servicequalität und -ausprägung sicherzustellen.
- Das Change Management baut seine Entscheidungen hinsichtlich Freigaben auf guten und verlässlichen Informationen auf.
- Reduzierung der Einführung von Änderungen ohne die Erfüllung der geforderten Qualitätssicherungs- und Validierungsmaßnahmen.

- Reduzierung von Störungen bezüglich der geänderten Services.
- Minimierung der Varianz der vom Business geforderten Serviceleistung im Vergleich zur gelieferten Serviceleistung.

5.2.7 Knowledge Management

Wissen ist das einzige Gut, das sich durch Teilen vermehrt. Doch viele Unternehmen ahnen nicht, was sie alles wissen. Eine Tatsache, die sich mitunter als schwerwiegender Fehler erweist.

Die Kenntnisse, Ideen und Fähigkeiten der eigenen Mitarbeiter sind Unternehmen oftmals nicht bekannt. So werden nicht selten Probleme und Aufgaben, die früher bereits an anderer Stelle im Unternehmen erfolgreich gelöst bzw. bearbeitet wurden, immer wieder aufs Neue angegangen. Kapazitäten werden dabei gedankenlos verschleudert. Darüber hinaus ist in vielen Unternehmen das Ausscheiden eines Mitarbeiters zumeist auch mit einem entsprechenden Knowhow-Verlust verbunden. Hier versprechen Knowledge Management Systeme gerade auch im Bereich des Service Management Abhilfe, in denen Wissen gesammelt und archiviert wird, sodass anschließend allen Mitarbeitern ein dauerhafter und schneller Zugriff auf alle wichtigen Informationen ermöglicht wird.

Zielsetzung

Das Ziel von Knowledge Management ist, die Qualität der Managemententscheidungen durch die Bereitstellung verfügbarer und sicherer Informationen and Daten für durchzuführende Aktivitäten im Service Lifecycle zu verbessern.

Daraus lassen sich folgende Unterziele ableiten:

- den Service Provider in die Lage zu versetzen, seine Servicequalität zu verbessern, die Zufriedenheit zu steigern und die Servicekosten zu senken
- Sicherstellung, dass das Team ein klares und einheitliches Verständnis vom Wert hat, den der Service den Kunden liefert und versteht, wie sich der Benefit aus dem Gebrauch solcher Services für den Kunden erzielen lässt

- Sicherstellung, dass zu jeder Zeit und an jeder Lokation das Team des Service Providers die richtigen und aktuellen Informationen bezüglich zentraler Servicethemen verfügbar hat

Basiskonzepte

DIKW-Strukturdiagramm

Knowledge Management wird typischerweise mithilfe des DIKW-Strukturdiagramms dargestellt

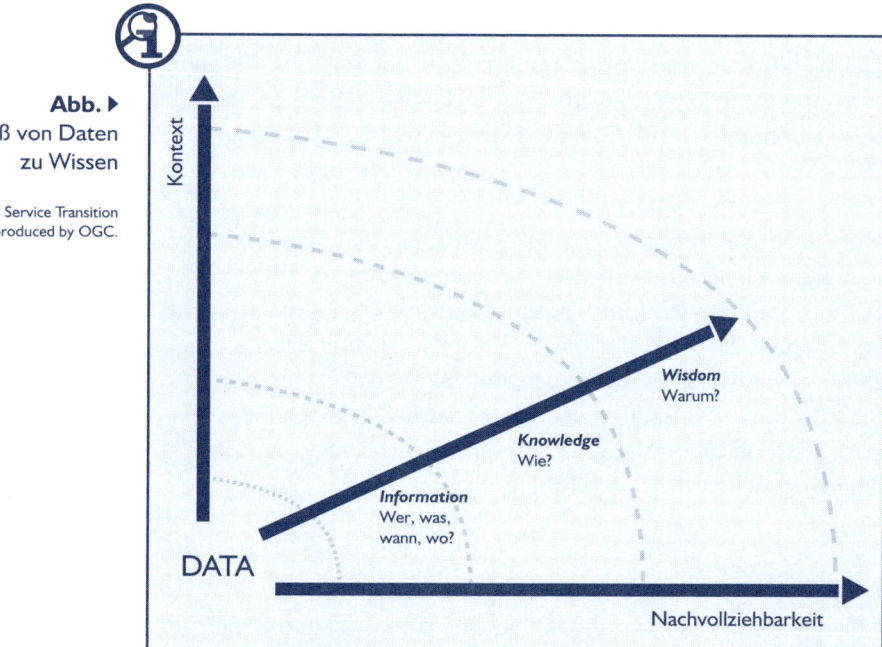

Abb. ▶
Der Fluß von Daten zu Wissen

Source: Service Transition produced by OGC.

Dabei bedeuten:

DIKW Element	Bedeutung
Data	Ist ein Set von Fakten bezüglich Ereignissen. Viele Organisationen sammeln verschiedenste Mengen von Daten in unterschiedlichsten Ausprägungen in strukturierten Datenbanken wie IT Service Management und Configuration Management-Tools / -Systemen und -Datenbanken.

DIKW Element	Bedeutung
	Dabei stehen folgende wesentliche Aktivitäten im Vordergrund: • Datensammlung • Datenanalyse • Datentransformation zu Informationen • Datenidentifizierung und Ressourcenzuordnung zur weiterführenden Verarbeitung
Information	Informationen entstehen dadurch, dass man den Daten den entsprechenden Kontext hinzufügt. Informationen sind im Allgemeinen in einem semistrukturierten Verbund (z. B. Dokumente, E-Mail und Multimedia) zu finden. Die damit verbundenen Knowledge Management-Aktivitäten sind: • Management der Informationen, um das Erfassen, Suchen und Finden zu erleichtern • Informationsaufbereitung, um aus den dort aufgezeigten Erfahrungen zu lernen und Fehler nicht noch einmal zu machen
Knowledge	Knowledge ist die Zusammenführung von Erfahrungen, Ideen, Werten und inhaltlichen Interpretationen von Individuen. Menschen profitieren vom eigenen, aber auch vom dokumentierten Wissen anderer und von der Analyse von Informationen und Daten. Auf dieser Basis und aus dem Zusammenspiel der einzelnen „Wissenselemente" entsteht neues Wissen. Wissen ist sehr dynamisch und kontextbasiert.

DIKW Element	Bedeutung
	Wissen bietet die Möglichkeit, Informationen in einer „easy to use"-Form aufzubereiten. Dies führt somit zu einer Erleichterung im Entscheidungsfindungsprozess. In der Phase Service Transition ist „Knowledge" nicht ausschließlich auf die Übergangsaktivitäten fokussiert, sondern vielmehr auf die Sammlung der Erfahrungen aus vorangegangenen Durchläufen und derer Erkenntnisse, um das Bewusstsein für zu erwartende Probleme und notwendige Änderungen in angrenzenden Gebieten zu schärfen.
Wisdom	Wisdom gibt die ungeteilte Einsicht in das Informationsmaterial und das Wissen und hat alle Möglichkeiten der kontextbezogenen Bewusstseinsbildung, der Wahrnehmung und Urteilskraft.

Integration des Knowledge Management in den Gesamtkontext des Service Lifecycle

Das Knowledge Management hat, wie auch der Prozess Change Management und Service Asset and Configuration Management, eine übergeordnete und Service Lifecycleübergreifende Rolle, da in sämtlichen Service Lifecycle Phasen Daten, Informationen und Wissen aufgebaut und abgerufen werden. Viele Informationen aus anderen Prozessen laufen hier aus der Sicht der Wissensspeicherung und der Wissensbereitstellung zentral zusammen. Wichtig in diesem Zusammenhang ist die zentrale Bereitstellung der Information auf einer anwenderfreundlichen Basis. Die Zusammenführung sämtlicher über die Service Lifecycle Phasen verstreuter Daten und Datenbanken wird hierbei über ein Service Knowledge Management System erreicht, wobei die oberste Ebene einen Presentation und Processing Layer darstellt, über den die einzelnen Informationen und Wissenszusammenhänge abgerufen werden können. Das folgende Schaubild gibt einen schematischen Überblick über den grundlegenden Aufbau.

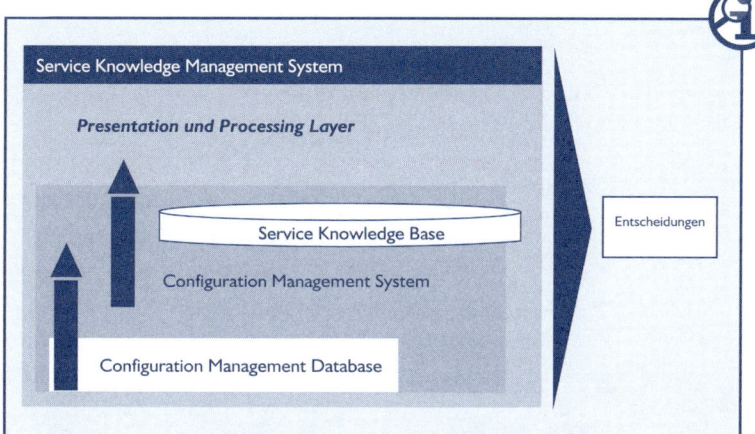

◀ **Abb.**
Service Knowledge Management System

Source: Service Transition produced by OGC.

Benefits:

- Knowledge Management steuert den Umgang mit dem Wissen und fördert seinen gezielten Einsatz im Umfeld der Service Management Organisation entlang des Service Lifecycle.
- Steigerung der Servicequalität durch die gezielte und situationsbezogene Integration von Informationen
- Reduzierung der Übergangszeit und des Early-Life Support durch die Zurverfügungstellung von gezielten Informationen (u. a. Supportinformationen)
- Reduzierung von Fehlern bei dem Deployment von Services bzw. Changes und damit verbundenen Release-Paketen durch die Bereitstellung von „Lessons-Learned" aus ähnlichen Szenarien
- Steigerung der Produktivität der Support-Teams durch die Bereitstellung von zentralen Informationen aus Sicht des Knowledge Management

5.3 Zusammenfassung Service Transition

Ziele und Inhalte

- Planung und Managen der Ressourcen, die notwendig sind um die neuen oder geänderten Services erfolgreich zu implementieren
- Definition und Bereitstellung der Release- und Kommunikationspläne
- Definition und Anwendung grundlegender Qualitätssucherungs- und Validierungsmaßnahmen.
- Bereitstellung notwendiger Informationen über die Services bzw. Servicestrukturen für den operativen Betrieb.

Basiskonzepte & Grundprinzipien

- Sieben R´s des Change Managements
- Service Change
- Change Kategorien und Risikoanalyse
- Configuration Model
- Definitive Media Library (DML)
- Configuration Management System (CMS)
- Release Unit
- Release Package
- Release- u. Deploymentmodelle
- ITIL Service V-Model

Prozesse

Lifecycle übergreifende Prozesse
- Change Management
- Service Asset Management und Configuration Management System (CMDB)
- Knowledge Management

Service Transition fokussierte Prozesse
- Transition Planning and Support
- Release and Deployment Management
- Service Validation and Testing
- Evaluation

Zentrale Rollen

- Change Manager
- Service Asset Manager
- Configuration Manager
- Configuration Analyst
- Configuration Administrator / Librarian
- CMS / Tool-Administrator
- Release and Deployment Manager
- Release Packaging and Build Manager

Funktionen

Keine Funktionen vorhanden

Benefits

- Einführung und Überführung von Release in die Produktivumgebung unter Berücksichtigung von wirtschaftlichen Aspekten.
- Management der Organisation und des kulturellen Wandels während des Überganges.
- Service Knowledge Management System im Rahmen der Unterstützung der Lernenden Organisation
- Steigerung der Kunden und Mitarbeiterzufriedenheit durch die Einführung und Nutzung der Service Transition Practices.

Die ITIL® Referenzkarten jetzt endlich auf iPhone und iPad!
Beziehbar im Apple Appstore

Mit Handykamera
einscannen

6. KAPITEL

SERVICE OPERATION

6.1 Einführung in Service Operation

Zielsetzung Service Operation

Realisierung des Kundennutzens durch Betrieb und Support der Services und Servicekomponenten (Infrastruktur, Applikationen etc.).

Die Phase Service Operation beinhaltet Verfahren und Methoden für das Management des täglichen Betriebs der Services. Sie stellt Anregungen und Anleitungen zur Verfügung, um die notwendige Effektivität und Effizienz in der täglichen Lieferung und dem Support der Services zu erreichen. Damit wird die Wertschöpfung der Services für die Kunden und den Service Provider sichergestellt. Die in der Strategie definierten Ziele werden in der Service Operation durch den wertschöpfenden Betrieb realisiert. Die hier zur Verfügung gestellten Anleitungen liefern Hilfestellungen, wie die notwendige Stabilität im Servicebetrieb erreicht werden kann. Hierbei werden reaktive und proaktive Aktivitäten berücksichtigt.

6.2 Wichtige Grundbegriffe der Phase Service Operation

Service Operation ist mehr als die wiederholte Ausführung von Standardprozeduren oder Standardaktivitäten. Alle Funktionen, Prozesse und Aktivitäten dienen dazu, einen spezifizierten und vereinbarten Grad von Services zu liefern, aber dies in einem sich ständig wandelnden Umfeld. Dies führt zu einem Konflikt zwischen der Aufrechterhaltung des Status quo und den Anpassungen an Änderungen im Geschäfts und Technologieumfeld. Eine der Hauptaufgaben innerhalb der Service Operation ist, diese Konflikte zu handhaben und eine Balance zwischen den verschiedenen konkurrierenden Zielen herzustellen. Dieser Abschnitt hebt einige der Hauptspannungen und Konflikte hervor und identifiziert, wie IT-Organisationen ein Ungleichgewicht zur einen oder anderen Seite erkennen können. Er enthält außerdem einige High-Level-Richtlinien, die festlegen, wie diese Konflikte gelöst werden und wie man sich in Richtung Best Practices bewegt. Jeder Konflikt bietet eine Chance zu Wachstum und Verbesserung.

Interne Sicht vs. externe Sicht

Der wohl größte Konflikt in allen Phasen des Service Management Lebenszyklus besteht zwischen der Sicht der IT als Summe von IT Services (externe Geschäftssicht) und der Sicht der IT als Summe von Technologiekomponenten (interne IT-Sicht).

Die externe Sicht ist die Sicht des Kunden/Anwenders, d. h., wie die Services von den Anwendern und Kunden wahrgenommen werden. Hier ist nicht von Interesse, wie die Services aus technischer Sicht erbracht werden. Es zählt nur, dass die Services geliefert werden, wie es gewünscht und vereinbart wurde.

Die interne Sicht ist die Sicht der IT, d. h., wie IT-Komponenten und -Systeme genutzt werden, um die Services zu liefern. Da IT-Systeme oft komplex und heterogen sind, heißt dies, dass die Technologie von mehreren Teams oder Abteilungen gesteuert werden muss – jede mit derselben Zielsetzung, eine gute Performance und Verfügbarkeit ihrer Systeme zu erreichen.

Beide Sichtweisen sind notwendig, um die Services zu liefern. Die Organisation, die sich nur auf die Geschäftssicht fokussiert, ohne darüber nachzudenken, wie die Services geliefert werden sollen, wird damit enden, Versprechungen zu tätigen, die nicht gehalten werden können. Die Organisation, die sich nur auf die internen Systeme fokussiert, ohne darüber nachzudenken, welche Services sie eigentlich unterstützt und liefert, wird damit enden, dass teuere Services mit wenig Nutzen/ Ertrag produziert werden. Der potentielle Konflikt zwischen der externen und der internen Sicht ist das Ergebnis vieler Variablen, inklusive der Reife der Organisation, ihrer (Management-) Kultur, ihrer Geschichte etc. Dies macht es schwierig, eine Balance zu erreichen und die meisten Organisationen gehen dazu über, sich nur in eine Richtung zu orientieren. Der Erfolg liegt in der Balance der beiden Sichtweisen.

Stabilität vs. Flexibilität
Gleichgültig, wie gut ein IT Service funktioniert und gleichgültig, wie gut er designt wurde: Er ist sehr viel weniger wert, wenn die Servicekomponenten nicht verfügbar sind oder wenn sie unregelmäßig arbeiten. Gleichzeitig heißt das, dass der Servicebetrieb erkennen muss, dass sich Business- und IT-Anforderungen ändern. Einige der Änderungen sind evolutionär. Zum Beispiel die Funktionalität, die Leistung und die Architektur einer Plattform können sich im Laufe einiger Jahre ändern. Jede Änderung bringt die Chance mit sich, dem Business ein besseres Serviceniveau zu liefern. Bei evolutionären Änderungen ist es möglich zu planen, wie man auf die Änderungen reagiert und so die Stabilität zu wahren, indem man auf die Änderungen reagiert. Viele Änderungen passieren trotzdem sehr schnell und manchmal unter extremem Druck. Zum Beispiel erhält eine Business Unit unerwartet einen Auftrag, der zusätzliche IT Services, mehr Kapazität und schnellere Reaktionszeiten erfordert. Die Fähig-

keit, auf diese Art von Änderungen zu reagieren, ohne andere Services zu beeinträchtigen, ist eine große Herausforderung. Viele IT-Organisationen sind unfähig, eine Balance zu finden und tendieren zum Fokus entweder auf die Stabilität der Infrastruktur oder auf die Fähigkeit, auf schnelle Änderungen angepasst zu reagieren.

Qualität vs. Kosten
Vom Servicebetrieb wird gefordert, seinen Kunden und den Anwendern ständig das vereinbarte Niveau an IT Services zu liefern und gleichzeitig die Kosten und die Nutzung von Ressourcen auf optimalem Niveau zu halten.

Reaktiv vs. Proaktiv
Eine reaktive Organisation ist eine, die nicht aktiv wird, ehe sie von außen dazu getrieben wird, z. B. durch eine neue Geschäftsanforderung, eine Anwendung, die entwickelt wurde oder Eskalationen wegen Beschwerden seitens der Anwender oder der Kunden. Die unglückliche Realität in vielen Organisationen ist der Fokus auf reaktives Management, fälschlich als das Grundwerkzeug gesehen, um sicherzustellen, dass Services höchst konsistent und stabil sind. Deshalb unterbindet sie proaktives Verhalten des Personals. Die traurige Ironie dieser Vorgehensweise ist, dass das Unterbinden des proaktiven Service Management unweigerlich zur Steigerung des Aufwands und der Kosten für reaktive Aktivitäten führt und darüber hinaus die Stabilität und die Kohärenz der Services gefährdet.

Eine proaktive Organisation schaut immer nach Wegen, die aktuelle Situation zu verbessern. Sie wird ständig die interne und externe IT-Umgebung beobachten und nach Signalen von Änderungen Ausschau halten, die sich negativ auswirken können. Proaktives Verhalten wird gewöhnlich positiv gesehen, insbesondere wenn es die Organisation in die Lage versetzt, Konkurrenzvorteile in einer sich ändernden Welt zu wahren. Proaktivität bedeutet aber immer eine Investition von Zeit und Ressourcen und damit von Geld. Eine gute Balance zwischen reaktivem und proaktivem Verhalten liefert oft ein optimales Resultat.

6.3 Die Prozesse der Service Operation

6.3.1 Event Management

Einleitung

Ein Event kann als ein erkennbares Ereignis bezeichnet werden, das für das Management der IT-Infrastruktur oder der Serviceerbringung wichtig ist. Events sind üblicherweise Benachrichtigungen eines IT Services, Configuration Item oder eines Monitoring Tool.

Zielsetzung

Die Fähigkeit, Events strukturiert zu erkennen, sich der Wichtigkeit bewusst zu werden und geeignete Maßnahmen einzuleiten, ist das Ziel des Event Management. Das Event Management bildet daher die Basis für das operationelle Monitoring, die Steuerung und für die Automatisierung vieler Routine-Operationen wie z. B. das Ausführen von Scripts. Event Management liefert den Einstiegspunkt zur Ausführung zahlreicher operativer Service-Prozesse und -Aktivitäten (z. B. Incident Management).

Prozessmodell:

Abb. ▶
Der Event
Management Prozess

Source: Service Operation
produced by OGC.

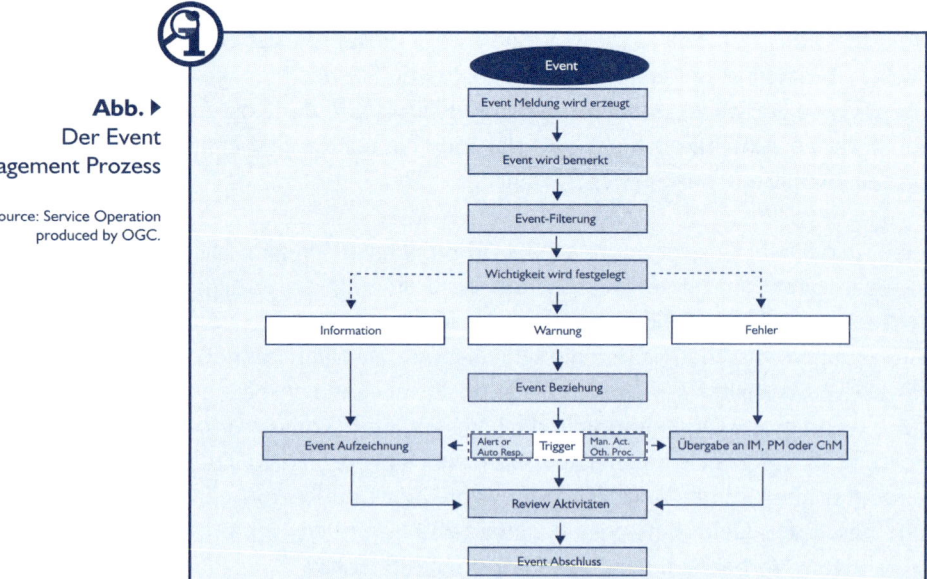

Event-Meldungen werden erzeugt

Events passieren ständig. Nicht jeder Event ist für das Service Management von Interesse oder muss bemerkt und aufgezeichnet werden. Daher ist es wichtig, sich klar zu machen, welche Event-Typen es gibt und welche entdeckt werden müssen.

Event wird bemerkt

Ein Event tritt auf und wird registriert.

Event-Filterung

Die Events werden nach „wichtig" und „unwichtig" gefiltert. Es ist nicht immer möglich, alle Benachrichtigungen von CI abzuschalten. Daher muss häufig eine Filterung der Events vorgenommen werden. Eine Filterung ist jedoch nicht immer notwendig.

Wichtigkeit wird festgelegt

Die Wichtigkeit des Events wird festgelegt.
* Information: Dies gilt für ein Event, das keine Aktion benötigt und keine Störung darstellt (z. B. das Anmelden eines Anwenders an einem System).
* Warnung: Eine Warnung wird generiert, wenn ein Service oder eine Komponente einen Grenzwert erreicht. Warnungen haben zum Ziel, dass die entsprechende Person, Support-Einheit oder der Prozess benachrichtigt werden, um die angemessenen Maßnahmen zu ergreifen und eine Störung zu verhindern.
* Störung (Exception): Eine Exception bedeutet, dass ein Service oder ein Device zurzeit nicht normal funktioniert. Beispiele für eine Exception sind z. B. ein ausgefallener Server oder zu lange Antwortzeiten einer Applikation.

Event-Beziehungen

Wenn ein Event als wichtig eingestuft worden ist, muss eine Entscheidung getroffen werden, wie wichtig dieser Event exakt ist und welche Aktivitäten durchgeführt werden müssen, um mit diesem Event umzugehen. Dies bedeutet, dass die Bedeutung des Events bestimmt wird.

Trigger
Wenn im Rahmen der Event-Beziehung festgelegt wurde, dass weiterführende Aktivitäten notwendig sind, um mit dem Event umzugehen, ist es notwendig, eine Verantwortlichkeit festzulegen. Der Mechanismus zum Festlegen dieser Verantwortlichkeit ist der Trigger. Es gibt viele verschiedene Arten von Trigger (z. B. Incident Trigger oder Change Trigger u. v. m.).

Review-Aktivitäten
Bei vielen Events ist es nicht möglich, eine Nachbetrachtung jedes einzelnen Events durchzuführen. Es ist wichtig zu überprüfen, dass alle wichtigen Events oder Exceptions adäquat gehandhabt bzw. prozessiert wurden.

Event-Abschluss
Events, die keine Bedeutung mehr haben, werden geschlossen. Einige Events bleiben geöffnet, bis bestimmte Aktivitäten durchgeführt worden sind (z. B. ein Event, das mit einem geöffneten Incident verbunden ist).

6.3.2 Incident Management

Einleitung
Das Incident Management registriert, kategorisiert, priorisiert und verfolgt alle Störungen mit dem Ziel, diese so schnell wie möglich zu beheben.

Zielsetzung
Die Zielsetzung des Incident Management ist die schnellstmögliche Wiederherstellung des Services und damit die Wiederherstellung der Arbeitsfähigkeit der Kunden und Anwender des Services. Hierdurch soll gewährleistet werden, dass die Störung eine möglichst minimale Auswirkung auf das Business hat. Das Incident Management behält die Verantwortung für das Incident während seines gesamten Lebenszyklus. Ein weiteres Ziel des Incident Management ist die Unterstützung der Geschäftsaktivitäten mithilfe aussagekräftiger Management-Informationen.

Basiskonzepte/Definitionen
Definition Incident

Ein Incident ist jedes ungeplante Ereignis, das den Standard-
betrieb eines Services beeinflusst und eine Unterbrechung
oder Beeinträchtigung der Qualität dieses Services nach sich
zieht, z. B. nicht verfügbare Anwendungen, der Ausfall einer
Hardware oder deren eingeschränkte Nutzungsmöglichkeit.
Auch eine potentielle Störung eines Services (z. B. der Ausfall
eines Cluster-Knotens) ist ein Incident – auch dann, wenn die
Auswirkungen dieser Störung für die Anwender nicht spürbar
sind.

Definition Eskalation

Eine Eskalation ist eine Aktivität, bei der zusätzliche Ressourcen eingeholt werden, wenn diese erforderlich sind, um den
Service Level-Zielen oder Kundenerwartungen gerecht zu
werden. Eskalationen können innerhalb aller Service Management-Prozesse erforderlich sein, werden jedoch meistens mit
dem Incident Management und dem Problem Management
und dem Kundenbeschwerde-Management in Verbindung gebracht. Es sind zwei Eskalationstypen definiert: die funktionale
Eskalation und die hierarchische Eskalation.

Funktionale Eskalation

Sobald eine Support-Einheit (z. B. der Service Desk) nicht
mehr in der Lage ist, ein Incident zu lösen (oder wenn die
für den Service Desk festgelegte Zeit für eine Lösung im
First Level abgelaufen ist), muss das Incident an eine weiterführende Support-Einheit eskaliert werden. Hier spricht man
von einer funktionalen Eskalation. Dies kann z. B. jede belie-
bige Second- oder Third-Level-Support-Einheit sein, die über
spezielles Fachwissen verfügt. Die Verantwortung für das Incident (Incident Ownership) bleibt trotz funktionaler Eskalation
immer beim First Level, z. B. dem Service Desk.

Hierarchische Eskalation

Hat ein Incident sehr schwerwiegende Folgen oder kann z. B.
aus einem Ressourcenengpass heraus ein Incident nicht schnell

genug bearbeitet werden, so muss eine höhere hierarchische Stufe informiert werden, um die Rahmenbedingungen zu schaffen, damit das Incident bearbeitet werden kann. Dann spricht man von einer hierarchischen Eskalation. Hierarchisch wird eskaliert, sobald die IT-Organisation Gefahr läuft, einen vereinbarten Service Level zu verletzen.

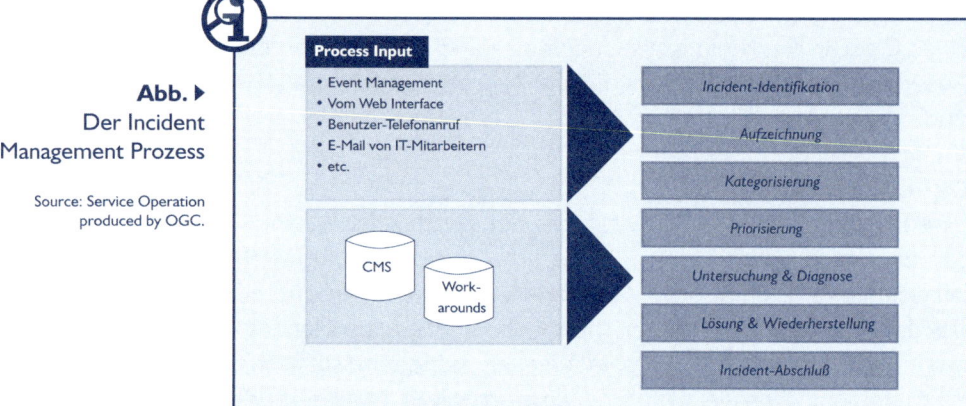

Abb. ▶
Der Incident
Management Prozess

Source: Service Operation
produced by OGC.

Incident-Identifikation

Die Aktivitäten des Incident Management beginnen mit der Identifikation eines Incident. Dies kann z. B. durch einen Anruf eines Anwenders beim Service Desk geschehen, durch eine Meldung aus dem Event Management oder eine E-Mail aus den technischen Bereichen der IT.

Incident-Aufzeichnung

Incidents müssen komplett aufgezeichnet werden, unabhängig davon, ob sie durch einen anrufenden Anwender am Service Desk oder automatisiert durch einen Alarm entdeckt worden sind. Zusätzlich muss jedes Incident mit einem Datum-Zeit-Stempel versehen werden. Zusammen mit dem Incident müssen alle relevanten Informationen aufgezeichnet werden, sodass, wenn weitere Support-Gruppen in die Lösung involviert werden müssen, die Mitarbeiter über die notwendigen Informationen verfügen, um das Incident bearbeiten zu können.

Kategorisierung

Als Teil der initialen Aufnahme des Incident muss dem Incident eine Kategorie zugeordnet werden. Die Kategorie trifft eine Aussage darüber, von welchem Typ das Incident ist (z. B. Server, Endgeräte oder Applikation). Dies ist für eine möglichst schnelle Bearbeitung sehr wichtig, damit das Incident den richtigen Support-Gruppen zugewiesen werden kann. Falsche Kategorien kosten Zeit, da sie zu falschen Zuordnungen der Incidents führen.

Priorisierung

Ein weiterer Schritt der initialen Aufnahme des Incident ist die Zuordnung einer Priorität. Priorisiert wird nach Dringlichkeit (Urgency), d. h. wie schnell das Business eine Lösung benötigt, und Auswirkung (Impact), z. B. wie viele Anwender betroffen sind.

Untersuchung und Diagnose

Jede am Incident Handling beteiligte Support-Gruppe untersucht die Störung daraufhin, warum die Störung aufgetreten ist, und trifft eine Diagnose. Die Zielsetzung hierbei ist die schnellstmögliche Wiederherstellung der Arbeitsfähigkeit der Anwender und nicht eine tief greifende Ursachenforschung.

Lösung und Wiederherstellung

Auf Basis der Untersuchung und Diagnose werden Maßnahmen durchgeführt, um eine Lösung der Störung herbeizuführen und den Service wiederherzustellen. Es muss darauf geachtet werden, dass der Incident Record akkurat mit den aktuellen Informationen gepflegt wird. Nach der Lösung und Wiederherstellung gibt die losende Support-Gruppe das Incident für den strukturierten Abschluss zurück an den Service Desk.

Incident-Abschluss

Der Service Desk prüft, dass das Incident vollständig gelöst ist und dass der Anwender mit der Lösung einverstanden ist. Mit Zustimmung des Anwenders kann der Service Desk das Incident schließen.

6.3.3 Request Fulfilment

Einleitung

Der Begriff „Service Request" wird allgemein als Beschreibung aller möglichen Varianten von Anwenderanfragen gegenüber der IT-Organisation verwendet. Viele dieser Anfragen beinhalten oftmals kleine Änderungen mit geringem Risiko, die oft vorkommen und geringe bzw. definierte Kosten produzieren (z. B. eine Anfrage zur Änderung eines Passworts, eine Anfrage zur Installation einer zusätzlichen Standardsoftware an einem bestimmten Arbeitsplatz, eine Anfrage für einen Arbeitsplatz oder Geräteumzug, eine Informationsanfrage etc.). Um diese Anfragen an die IT Organisation effektiv und effizient zu bearbeiten, sieht ITIL den Prozess Request Fulfilment vor.

Zielsetzung

Der Prozess der Antragserfüllung (Request Fulfilment) beschäftigt sich mit der Bearbeitung von Service Requests der Anwender. Die Ziele des Prozesses beinhalten Folgendes:

- die Möglichkeit für die Anwender, Standarddienstleistungen (Standard Services) anzufordern und zu erhalten unter der Voraussetzung, dass es für diese eine vordefinierte Genehmigungs- und Qualifizierungsprozedur gibt
- Informationen für die Anwender über die Verfügbarkeit von Dienstleistungen (Services) und wie diese zu beschaffen sind bereitzustellen
- das Beziehen und Liefern der Komponenten von beantragten Standarddienstleistungen (Standard Services, wie z. B. Lizenzen oder Softwaremedien)
- assistieren mit generellen Informationen bei Beschwerden oder Kommentaren/Vorschlägen

Basiskonzepte

Die meisten Service Requests wiederholen sich von Zeit zu Zeit; somit sollte ein vordefinierter Prozessablauf existieren, der alle Gegebenheiten erfasst, die zur Erfüllung des Antrags (z. B. involvierte Personen oder Support-Gruppen, Umsetzungszeiten und Eskalationspfade) notwendig sind. Service Requests werden in vielen Fällen durch die Durchführung von

Standard Change-Prozeduren umgesetzt (siehe hierzu Service Transition / Change Management für weitere Informationen zu Standard Changes). Die Hoheit über die Abwicklung von Service Requests liegt beim Service Desk, der Selbige überwacht, eskaliert und verwaltet und in den meisten Fällen die Anforderung des Anwenders letztendlich auch umsetzt.

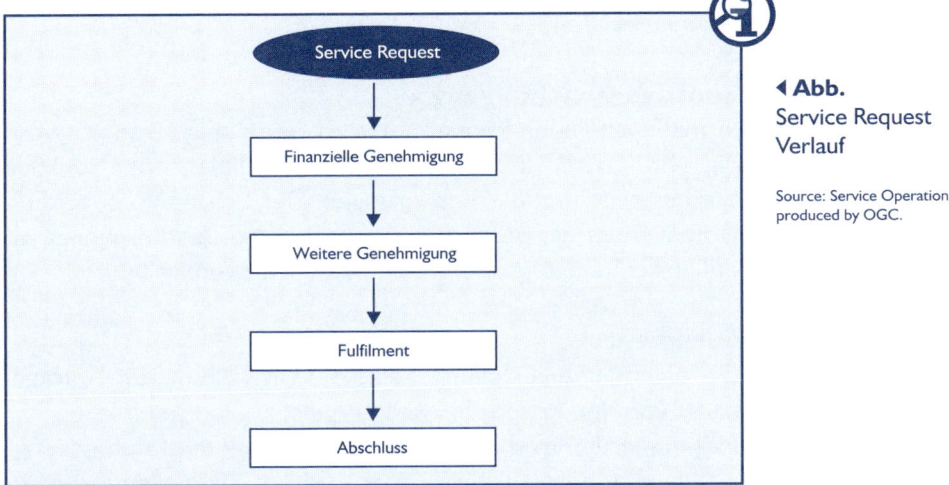

◄ **Abb.**
Service Request Verlauf

Source: Service Operation produced by OGC.

Eröffnen eines Service Request

Request Fulfilment eröffnet hervorragende Möglichkeiten für Selbsthilfepraktiken, bei denen die Anwender selbst einen Service Request stellen können, indem entsprechende Technologien genutzt werden, die in die entsprechenden Service Management Tools verzweigen. Idealerweise kann hier den Anwendern über diverse technologische Möglichkeiten eine Menü-Auswahl präsentiert werden, in der sie selbst ihre Anfragen über vordefinierte Listen und Auswahlmöglichkeiten stellen – entsprechende Erwartungen können über Lieferzeiträume und/oder Implementierungszeiträume (in Bezug zu den SLA-Zielen) erfüllt werden. Wenn in einer IT Organisation bereits ein Selbsthilfe-IT-Support besteht, macht es Sinn, diesen mit einem Request Fulfilment-System zu kombinieren. Ansonsten können Service Requests auch direkt am Service Desk gestellt werden.

Finanzielle Genehmigung

Ein wichtiger Schritt bei der Verarbeitung des Service Request ist die finanzielle Genehmigung. Häufig haben Service Requests finanzielle Auswirkungen. Die Übernahme der Kosten für die Erfüllung der Anfrage muss vorab sichergestellt werden. Nur wenn die finanzielle Bewilligung erfolgt ist, können die weiteren Schritte des Service Request Fulfilment durchgeführt werden.

Sonstige Genehmigung

In manchen Fällen können weitere Genehmigungen notwendig sein – z. B. für Gesetze oder Richtlinien oder sonstige businessspezifische Anforderungen. Der Prozess Request Fulfilment muss die Möglichkeit haben, diese Zustimmungen zu definieren und zu prüfen, wenn diese notwendig sind.

Fulfilment

Die eigentliche „Erfüllung", also die Umsetzung der Anfrage, hängt von der Art des Service Request ab. Einige einfache Anfragen werden eventuell vom Service Desk direkt umgesetzt, während andere Anfragen eventuell von speziellen Gruppen und/oder Lieferanten umgesetzt werden müssen. Der Service Desk sollte immer den Fortschritt überwachen bzw. verfolgen und die Anwender informiert halten, unabhängig davon, wer den Service Request letztendlich umsetzt.

Abschluss

Wenn der Service Request umgesetzt wurde, muss eine Rückmeldung an den Service Desk erfolgen, damit dieser Selbigen schließt. Der Service Desk sollte hierbei den gleichen Abschlussprozess wie im Incident Management vornehmen und auch überprüfen, ob der Anwender mit der Umsetzung einverstanden und zufrieden ist.

Rollen innerhalb des Request Fulfilment

Die erste Bearbeitung von Service Requests wird vom Service Desk bzw. den Incident Management-Beteiligten vorgenommen. Die eventuelle Erfüllung des Antrags (Request) wird von einem oder mehreren entsprechenden Service Operation-Teams, Abteilungen und/oder externen Dienstleistern vorgenommen, je nach Vorgehensweise. Oftmals unterstützen das Facility Management, der Einkauf und andere Abteilungen die Erfüllung des Service Request. In den meisten Fällen wird es keine Notwendigkeit für die Einrichtung weiterer Rollen oder Positionen geben.

6.3.4 Problem Management

Einleitung

Die Hauptaufgabe des Problem Management ist das nachhaltige Lösen von Problemen sowie die proaktive Analyse aller Incidents unter dem speziellen Gesichtspunkt der Identifizierung der zugrunde liegenden Ursachen. Darauf basierend gehört auch die Empfehlung von Changes an Configuration Items (CI) durch das Stellen von Requests for Changes (RfC) an das Change Management zu den Aufgaben des Problem Management. Der Prozess Problem Management verwendet Informationen, die durch verschiedene andere Prozesse bereitgestellt werden, beispielsweise durch das Incident Management und Capacity Management.

Zielsetzung

Der Problem Management-Prozess ist für die Steuerung des Lebenszyklus aller Probleme zuständig. Die primäre Aufgabe des Problem Management ist das Verhindern von Problemen, um somit das Aufkommen weiterer Incidents zu vermeiden und, falls Incidents nicht vermieden werden können, zumindest die Auswirkungen zu minimieren.

Basiskonzepte

Formen des Problem Management
Problem Management besteht aus zwei Hauptprozessen:
• Reaktives Problem Management, das grundsätzlich zum Einsatz kommt und genereller Teil der Phase Service Operation ist
• Proaktives Problem Management, das zwar durch die Service Operation initiiert wird, aber genereller Teil des Continual Service Improvement ist

Definition des Begriffes „Problem"

Ein Problem ist die unbekannte Ursache für ein oder mehrere Incidents.

Prozessmodell :

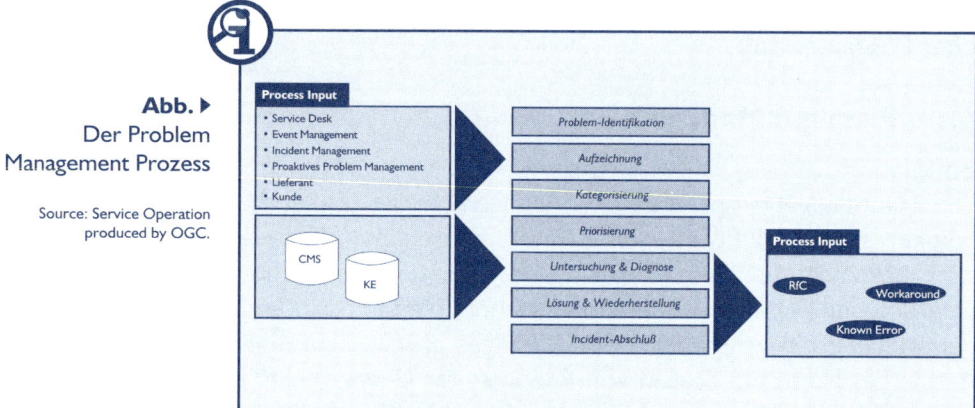

Abb. ▶
Der Problem
Management Prozess

Source: Service Operation
produced by OGC.

Prozessmodell / **Hauptaktivitäten:**

1. Problemidentifizierung

Es gibt immer verschiedene Wege, Probleme zu identifizieren, aber die häufigsten Szenarien sind:

- Verdacht oder Feststellung einer unbekannten zugrunde liegenden Ursache eines oder mehrerer Incidents durch den Service Desk, resultierend in ein Problem-Ticket – der Service Desk mag zwar den Incident lösen, hat aber keine definitive Ursache festgestellt und vermutet, dass es wahrscheinlich ist, dass sich dieser wiederholt. Somit wird er ein Problem-Ticket öffnen (lassen), damit die zugrunde liegende Ursache erforscht wird. Alternativ können durch globale Probleme auch weitere Incidents entstehen – somit würde auch ein Problem-Ticket ohne jeglichen Zeitverzug eröffnet werden.

- Die Analyse eines oder mehrerer Incidents durch eine (technische) Support-Gruppe ergibt, dass hier ein Problem zugrunde liegt oder zugrunde liegen könnte.

- Automatisierte Entdeckung eines Infrastruktur- oder Applikationsfehlers durch entsprechende Event-/Alarm-Tools, die automatisch ein Incident- oder Problem-Ticket erstellen

- Benachrichtigung eines externen Lieferanten oder Vertragspartners, dass ein Problem existiert, das gelöst werden sollte.

- Die Analyse von Incidents als Teil des proaktiven Problem Management – mit dem Ziel, Probleme im Voraus zu entdecken und die zugrunde liegende Ursache zu erforschen. Hierdurch werden weitere Incidents proaktiv verhindert.

Häufige und regelmäßige Analysen von Incident- und Problem-Daten müssen vorgenommen werden, damit jegliche Form von Trends identifiziert wird, sobald sie wahrscheinlich wird. Dies erfordert aussagekräftige und detaillierte Kategorisierungen der Incidents / Probleme und regelmäßiges Reporting von Mustern und Zonen mit hohen Auftrittswahrscheinlichkeiten. „Top Ten"-Reportings mit der Möglichkeit, in niedrigeren Levels nachzuforschen, sind bei der Identifizierung von Trends sehr hilfreich. Weitere Details, wie mit entdeckten Trends umgegangen werden soll, sind im Continual Service Improvement enthalten.

2. Problemerfassung
Unabhängig von der Erkennungsmethode müssen alle relevanten Details des Problems erfasst werden, sodass eine vollständige Historie des Problems existiert. Dies muss auch eine Datums- und Zeiterfassung beinhalten, um eine angemessene Steuerung und Eskalation/Weitergabe zu ermöglichen. Die Incidents, die den Problem Record initiiert haben, müssen als Querverweis notiert werden – und damit müssen auch alle relevanten Details aus dem/n Incident Record/s in den Problem Record kopiert werden.

3. Problemkategorisierung
Probleme werden wie Incidents kategorisiert (und es ist empfehlenswert, hier auch das gleiche System zu nutzen), sodass die wahre Natur des Problems zukünftig leichter verfolgt wer-

den kann und wertvolle Management-Informationen gewonnen werden können.

4. Problempriorisierung

Probleme werden, ebenso wie bei der Kategorisierung, analog den Incidents priorisiert. Die Häufigkeit und Auswirkung der betroffenen Incidents werden hier ebenso berücksichtigt. Das Kennzeichensystem, das die Auswirkung (Impact) mit der Dringlichkeit (Urgency) kombiniert, um einen übergeordneten Prioritäts-Level zu definieren, kann zur Priorisierung von Problemen wie auch für Incidents genutzt werden.

5. Problemerforschung und -diagnose

Es wird eine Untersuchung des Problems durchgeführt, um die Ursache des Problems zu diagnostizieren – die Geschwindigkeit und Tiefe dieser Untersuchung ist von der Größe der Auswirkung, Schwere und Dringlichkeit des Problems abhängig. Es muss der angemessene Grad an Ressourcen und Fachkenntnissen angewandt werden, um eine angemessene Lösung zu finden.

Es gibt in diesem Zusammenhang eine Reihe von Problemlösungstechniken, die für die Diagnose und Lösung eines Problems zur Hilfe genommen werden können und sollten. Das CMS (Configuration Management System) muss hier genutzt werden, um den Grad der Auswirkung und die exakte Schwachstelle (Point of Failure) zu diagnostizieren. Die Datenbank bekannter Fehler (Known Error Database, KEDB) sollte hierzu ebenfalls zu Rate gezogen werden und Problemzusammenhangs-Techniken (wie z. B. eine Schlüsselwortsuche) sollten genutzt werden, um zu überprüfen, ob das Problem schon einmal aufgetreten ist, und, falls ja, um eine Lösung zu finden.

Workaround (Umgehungslösung)

Nach Möglichkeit wird eine Umgehungslösung (Workaround) für die durch das Problem entstandenen Incidents entwickelt. Ein Workaround ist ein temporärer Weg, die Störung zu umgehen. Hier ist es wichtig, dass weiterhin an einer nachhaltigen Lösung gearbeitet wird. In den Fällen, in denen eine Umgehungslösung gefunden wird, muss trotzdem der Problem Record geöffnet bleiben und die Umgehungslösung muss darin dokumentiert werden.

Erstellung eines Known Error Record (bekannter Fehler)
Sobald die Diagnose abgeschlossen wurde und eventuell eine Umgehungslösung gefunden wurde, wird ein Known Error Record erstellt und in der KEDB (Known Error Database) erfasst. Somit wird ermöglicht, dass später auftauchende Incidents oder Probleme sofort identifiziert und die Servicewiederherstellung schneller durchgeführt werden kann.

6. Problemlösung
Idealerweise sollte eine Lösung angewandt werden, sobald sie gefunden wurde – aber in der Praxis werden oftmals noch Sicherheitsregeln (-schritte) notwendig sein, um sicherzustellen, dass diese Lösung keine weiteren Störungen verursacht. Ist irgendeine Änderung an Configuration Items notwendig, erfordert dies einen gestellten und genehmigten Request for Change (RfC), damit diese Lösung umgesetzt werden darf. Wenn das Problem sehr schwerwiegend ist und die Lösung dringend umgesetzt werden muss, um Geschäftsgründe (-ziele) zu unterstützen, kann auch ein Emergency RfC gestellt und das ECAB (Emergency Change Advisory Board) einberufen werden. Anderenfalls sollte der RfC dem etablierten Normal Change Management-Prozess folgen – und die Lösung sollte nur umgesetzt werden, wenn der RfC genehmigt und terminiert wurde. Inzwischen sollte mithilfe der KEDB das Auftreten weiterer Incidents / Probleme verhindert oder gemindert werden.

7. Problemabschluss
Wenn die Problemlösung durch einen RfC umgesetzt wurde (und erfolgreich überprüft wurde) und somit auch die Lösung angewandt wurde, sollte der Problem Record formell geschlossen werden – sowie alle eventuell noch offenen Incidents, die mit diesem Problem in Zusammenhang standen. Zu

diesem Zeitpunkt sollte auch eine Überprüfung stattfinden, um sicherzustellen, dass der Problem Record die komplette Historie aller Beschreibungen und Tätigkeiten enthält und, falls nicht, entsprechend ergänzt wird. Der Status verbundener Known Error Records sollte auch aktualisiert werden, um zu zeigen, dass die Lösung erfolgreich umgesetzt wurde.

Rollen innerhalb des Problem Management:

Problem Manager
Für das Problem Management ist die Rolle Problem Manager verantwortlich. Kleinere Organisationen sind eventuell nicht in der Lage, eine Person Vollzeit hierfür abzustellen, und können den Problem Manager vielleicht mit einer anderen Rolle kombinieren. Hier gilt es jedoch zu beachten, dass er letztendlich nicht nur technische Aufgaben wahrnimmt. Der Problem Manager soll die koordinierende Rolle im Problem Management-Prozess sein. Diese Rolle koordiniert alle Problem Management-Aktivitäten und wird folgende Verantwortlichkeiten besitzen:

- Verbindung zu allen Problemlösungsgruppen, um eine schnelle Lösung innerhalb der SLA-Zeiten zu sichern
- Besitz und Pflege der Known Error Database. Ansprechpartner für die Aufnahme aller Known Errors und Steuerung von Such- bzw. Lösungsalgorithmen
- formelle Schließung aller Problem Records.
- vereinbaren, Initiieren, Dokumentieren und sonstige Aktivitäten bezogen auf Major Problem Reviews.

Problem-Solving Groups (Problemlösungsgruppen)
Die gegenwärtige Lösung von Problemen wird größtenteils von einer oder mehreren technischen Support-Gruppen und/ oder Dienstleistern bzw. Support-Partnern unternommen – dies geschieht unter der Koordination des Problem Managers. Wo ein individuelles Problem schwerwiegend genug ist, um es zu rechtfertigen, wird ein dediziertes Problem Management-Team gegründet, um gemeinsam an diesem bestimmten Problem zu arbeiten. Der Problem Manager hat hier sicher-

zustellen, dass dem Team genügend Ressourcen und Skills zur Verfügung stehen, und entsprechende Eskalationen und Informationen in der Organisationshierarchie zu kommunizieren.

6.3.5 Access Management (Zugriffssteuerung)

Einleitung
Der Prozess des Access Management ist dafür zuständig, autorisierten Anwendern den Zugriff auf Services zu gewähren und auf der anderen Seite nicht autorisierten Anwendern den Zugriff auf die Services zu verweigern. In diesem Zusammenhang wird auch von einem Rechtemanagement oder einem Identitätsmanagement (Identity Management) gesprochen.

Zielsetzung
Das Access Management stellt den Anwendern einen Service oder eine Gruppe von Services zur Verfügung, indem den Anwendern der Zugriff auf diese Services gewährt wird. Dies ist somit auch die operative Umsetzung von Richtlinien und Aktionen des Security und Availability Management.

Basiskonzepte
Access Management ist der Prozess, der Anwendern den Zugriff auf Services, die im Servicekatalog dokumentiert sind, ermöglicht. Er enthält folgende Grundkonzepte:

- der Zugriff bezieht sich auf den Grad und das Ausmaß einer Servicefunktionalität oder von Daten, auf die ein Anwender zugreifen darf
- Identität bezieht sich auf Informationen, die sich individuell unterscheiden und den Status innerhalb der Organisation prüfen. Als Definition: Die Identität eines Anwenders ist eindeutig dem Anwender zugeordnet
- Rechte (auch Sonderrechte/Privilegien genannt) beziehen sich auf das aktuelle Umfeld, in dem ein User berechtigt ist, Zugriff auf einen Service oder eine Gruppe von Services zu erhalten, und definieren das Ausmaß des Zugriffs. Typische Rechte sind „lesen", „schreiben", „ausführen", „ändern" oder „löschen"

- Services oder Servicegruppen: Die meisten Anwender nutzen nicht nur einen Service. Anwender, die ähnliche Aktivitäten vornehmen, nutzen meist ähnliche Services. Anstatt Zugriff zu jedem einzelnen Service für jeden Anwender separat zu gewähren, ist es effizienter, einzelnen Anwendern oder einer Gruppe von Anwendern Zugriff zu einer Menge von Services zur selben Zeit zu gewähren (wenn entsprechend berechtigt)
- Directory Services beziehen sich auf eine spezielle Art von Tool, das entsprechende Zugriffe und Rechte verwaltet

Prozessmodell / Hauptaktivitäten

1. Zugriff anfordern

Der Zugriff auf Daten oder Services (oder die Verweigerung des Zugriffs) kann über folgende Mechanismen angefordert werden:

- eine Standardanforderung, erstellt von einem HR-System (Human Resources-System, i. d. R. in der Personalabteilung). Dies könnte generell stattfinden, wenn eine Person eingestellt, befördert, versetzt oder entlassen wird
- einen RfC (Request for Change)
- einen Service Request, beantragt über das Request Fulfilment System
- über die Ausführung von vorab genehmigten Scripts oder Optionen (z. B. das Herunterladen einer Applikation von einem Depotserver, wie und wenn es nötig ist)

2. Überprüfung

Access Management muss jede Anforderung eines Zugriffs auf einen IT Service von zwei Seiten überprüfen:

- dass die Identität des Anwenders zweifelsfrei klar ist
- dass ein legitimer Grund bzw. Anspruch auf Zugriff auf diesen Service besteht

Die erste Kategorie ist üblicherweise sichergestellt, wenn die Anwender über einen Usernamen und ein Passwort verfügen. Abhängig von den organisationsinternen Sicherheitsvorschriften wird normalerweise die Benutzung von Username und Passwort als Legitimationsnachweis akzeptiert. Allerdings können für sensiblere Services weitere Identifizierungsmaßnahmen notwendig sein (z. B. biometrisch, der Gebrauch von elektronischen Zugriffsschlüsseln oder Entschlüsselungsvorrichtungen etc.). Die zweite Kategorie verlangt nach einer eigenständigen Überprüfung über die Anforderung des Anwenders hinaus. Zum Beispiel:

- Benachrichtigung der HR, dass die Person ein neuer Mitarbeiter ist und einen Usernamen sowie Zugriff auf den Service oder eine Menge x von Services benötigt
- Benachrichtigung der HR, dass der Anwender befördert wurde und nun andere oder erweiterte Zugriffsrechte benötigt
- Autorisierung eines berechtigten Managers (definiert im Prozess)
- Einreichung eines Service Request (inklusive entsprechenden Belegen/Formularen) durch den Service Desk
- Einreichung eines RfC (inklusive entsprechenden Belegen/Formularen) durch das Change Management oder Ausführung eines vordefinierten Standard Change
- Eine Richtlinie, die aussagt, dass Anwender Zugriff zu einem bestimmten optionalen Service bekommen, wenn dieser benötigt wird

Für neue Services sollte der Change Record definieren, welche Anwender oder Anwendergruppen Zugriff zu diesem Service haben dürfen. Das Access Management wird dann entsprechend überprüfen, ob alle diese Anwender immer noch berechtigt sind, und ihnen daraus folgend den Zugriff einräumen, wie es im RfC definiert wurde.

3. Rechtebereitstellung

Das Access Management entscheidet nicht, wer welchen Zugriff auf IT Services hat. Das Access Management führt die Richtlinien und Vorschriften aus, die von seiten der Service Strategy und des Service Design definiert werden. Es erzwingt Entscheidungen in Bezug auf die Verweigerung oder

Gewährung von Rechten und Zugriffen, anstatt selbst zu entscheiden.

Sobald ein Anwender überprüft wurde, stattet das Access Management den Anwender mit den entsprechenden Rechten aus, die er benötigt, um den Service zu nutzen. In den meisten Fällen wird dies in einer Anforderung für jedes Team oder jede Abteilung resultieren, das oder die diesen Service unterstützt. Wenn möglich, sollte dies automatisiert werden.

Je mehr Rollen und Gruppen existieren, umso eher entsteht ein Rollenkonflikt. In diesem Kontext bedeutet Rollenkonflikt, dass mindestens zwei spezifische Rollen oder Gruppenprofile, wenn sie einem Anwender zugewiesen werden, Probleme mit der Trennung von Pflichten oder Interessenkonflikten hervorrufen. Beispiele hierzu sind:

• eine Rolle erfordert einen bestimmten Zugriff, während eine andere Rolle diesen Zugriff verweigert
• zwei Rollen erlauben einem Anwender, zwei Aktionen durchzuführen, die in der Form nicht kombiniert werden dürften (z. B. ein Anwender kann Zeiterfassungsbelege für ein Projekt erfassen oder kontrollieren und kann aber auch gleichzeitig die Zahlung für dieses Projekt anweisen)

Rollenkonflikte können vermieden werden, indem man vorsichtig bei der Erstellung von Rollen und Gruppen vorgeht. Größtenteils entstehen diese aber durch Vorschriften und Entscheidungen, die außerhalb der Service Operation getroffen werden – entweder durch das Business oder durch verschiedene Projektteams während der Service Design-Phase.

Das Access Management sollte eine regelmäßige Nachprüfung der Rollen und Gruppen durchführen und sicherstellen, dass diese angemessen für den Service sind, den die IT liefert und unterstützt – hinfällige oder ungewollte Rollen und Gruppen sollten hierdurch auch identifiziert und folgerichtig entfernt werden.

4. Überwachung der Identität

Im Laufe der Zeit ändert sich die Rolle eines Anwenders in einer Organisation und somit auch sein Bedarf an Rechten oder Zugriffen auf Services. Beispiele hierzu sind:

- Änderung der Funktion (Job Change). In diesem Fall benötigt der Anwender eventuell einen unterschiedlichen bzw. anderen Zugriff auf andere oder zusätzliche Services
- Beförderungen oder Degradierungen. Der Anwender wird eventuell die gleiche Menge an Services nutzen, aber er benötigt einen anderen (erweiterten oder verminderten) Zugriff auf Funktionalitäten oder Daten
- Versetzungen. In dieser Situation benötigt der Anwender genau dieselben Services, aber in einer anderen Region mit unterschiedlichen Arbeitsanweisungen, Richtlinien und Daten
- Austritt aus dem Unternehmen. Hier muss der Zugriff auf Daten komplett entfernt werden, damit der User Account nicht als Sicherheitslücke genutzt werden kann
- Ruhestand. In manchen Organisationen bekommen die Angestellten selbst nach Verlassen des Unternehmens durch eine Ruhestandsregelung noch Zugriff auf eine limitierte Anzahl von Services, z. B. auf Bonussysteme oder Systeme, die einen vergünstigten Mitarbeitereinkauf von Produkten ermöglichen
- Disziplinare Aktivitäten. In manchen Fällen wird der Zugriff auf Daten bzw. Services eines Anwenders durch die Organisation temporär begrenzt oder entzogen. Hierzu sollte es einen separaten Schritt im Prozess und in den Tools geben, damit verhindert werden kann, dass der Anwender im System gelöscht und neu angelegt werden muss
- Entlassungen. Wenn ein Angestellter oder Vertragspartner entlassen wird oder gesetzliche Schritte gegen einen Kunden eingeleitet werden (z. B. wenn die Bezahlung eines bestellten Produktes unterlassen wird), sollte der Zugriff umgehend entfernt werden. In Zusammenarbeit zwischen dem Access Management und dem Security Management sollten auch proaktive Maßnahmen vorgenommen werden, um schädliche Aktionen gegen das Unternehmen im Vorfeld erkennen und abwehren zu können

Das Access Management sollte den typischen Anwender-lebenszyklus für jeden Anwender verstehen, dokumentieren und diese Erkenntnisse nutzen, um den Prozess weiter zu automatisieren. Access Management Tools sollten Aktionen wie das Versetzen eines Anwenders (räumlich oder auch organisatorisch) vereinfachen und, mit entsprechenden Buchungskontrollen versehen, unterstützen.

5. Protokollierung und Erfassung des Zugriffs

Das Access Management sollte nicht nur auf Anfragen reagieren. Es ist ebenso dafür verantwortlich, dass die vergebenen Rechte ordnungsgemäß genutzt werden. In dieser Beziehung muss eine Zugriffsüberwachung und -steuerung in den Überwachungsaktivitäten aller technischen und Applikationssteuerungsfunktionen sowie aller Service Operation-Prozesse etabliert werden. Ausnahmen sollten durch das Incident Management behandelt werden, z. B. durch das Nutzen eines speziell entwickelten Incident-Modells, um mit dem Missbrauch von Rechten umzugehen.

6. Entfernung oder Beschränkung von Rechten

Genau so, wie das Access Management für die Einrichtung und Gewährung von Rechten zuständig ist, ist es für das Widerrufen der Rechte zuständig. Die Entscheidung hierfür liegt nicht im Access Management! Es führt vielmehr die Entscheidungen und Richtlinien aus, die in der Service Strategy oder im Service Design bzw. durch das Management einer Organisation getroffen wurden.

Rollen innerhalb des Access Management:

Da das Access Management auch Teile des Information Security und Availability Management umsetzt, sind diese beiden Prozesse für die Definition der entsprechenden Rollen verantwortlich. Es ist unüblich für eine Organisation, einen Access Manager zu benennen, obwohl es wichtig ist, dass es einen einzelnen Access Management-Prozess gibt und entsprechende Strategien und Taktiken, bezogen auf das Steuern von Rechten und Zugriffen, existieren. Dieser Prozess und die entsprechenden Strategien und Taktiken sollten von einem Information Security Management definiert und gepflegt sowie von verschiedenen Service Operation-Funktionen ausgeführt werden.

6.4 Die Funktionen in Service Operation

Service Desk

Der Service Desk ist der primäre Ansprechpartner für Anwender bei Serviceunterbrechungen, für Serviceanforderungen sowie für einige Kategorien von Änderungsanforderungen (Requests for Change, RfC). Der Service Desk bietet sowohl dem Anwender einen zentralen Ansprechpartner als auch den unterschiedlichsten IT Gruppen und -Prozessen eine zentrale Koordinationsstelle.

Sofern in einzelnen Fällen detaillierter Support im First Level benötigt wird, der auch entsprechendes Fachwissen aus dem technischen oder Application Management erfordert, werden die benötigten Mitarbeiter dem Service Desk temporär auf Bedarf zugeteilt (virtuelle Zuordnung). Diese Mitarbeiter werden somit vorübergehend Teil des Service Desk.

Der Service Desk ist nicht nur der Eingangskanal für alle Belange der Anwender. Er ist auch die Kommunikationsplattform für jegliche Art von Information für die Anwender.

 Best Practice

Der ITIL-Konforme Kontrollraum (SPOC)

„In einem komplexen und zeitlich kritischen Projekt wie in unserem, ist das Vertrauen in einen Partner sehr wichtig. Die Firma JST hat uns von der Konzeption bis zur Implementierung unseres Leitstands professionell und absolut zuverlässig unterstützt."

Dr. Michael Kranz, Bereichsleiter Informationsmanagement und Birgit Struwe, Leiterin IM Service Management.

Abb.: Service Desk bei Frima KRONES mit proaktiver Großbildtechnik

Impulse – Zukunft durch Wandel. Dieses Prinzip beschreibt die strategische Ausrichtung der KRONES AG wahrscheinlich am besten. Die KRONES AG mit Sitz in Neutraubling bei Regensburg ist als Weltmarktführer in der Getränke- und Verpackungstechnik ständig im Wettbewerb gefordert.

Herausforderungen stellen sich sowohl im Business als auch in den Bereichen, die das Business unterstützen, wie z.B. die IT. Ein Weg, sich dem Wandel und den damit zusammenhängenden Herausforderungen zu stellen, ist die Fokussierung auf unternehmenssteuernde Kernprozesse.

Der Bereich Informationsmanagement der KRONES AG unter der Leitung von Dr. Michael Kranz hat sich diesem Wandel unterzogen und in der Gesamtheit eine Prozessorganisation nach dem ITIL-Standard umgesetzt.

Gerade in den Prozessen ist eine effektive und effiziente Steuerung anhand von Kennzahlen notwendig. Die Visualisierung von Kennzahlen und Qualitätsparametern unterstützt den Bereich Informationsmanagement – insbesondere das Incident Management mit dem Service Desk – zur Umsetzung und Überwachung der Ziele.

Technical Management

Das Technical Management liefert benötigtes detailliertes technisches Wissen und Ressourcen, um die dauerhaften Abläufe der IT-Infrastruktur zu betreiben (z. B. Mainframe, Server, Netzwerk etc.). Das Technical Management spielt ebenfalls eine wichtige Rolle beim Design, Testen, Release und bei der Verbesserung von IT Services. In kleinen Unternehmen ist es möglich, dieses Wissen in einer einzelnen

Abteilung zu steuern, in größeren Unternehmen jedoch wird dieses Wissen typischerweise nach Spezialisierung in mehrere Fachabteilungen aufgeteilt. In vielen Unternehmen sind die Technical Management-Fachabteilungen auch für ausgesuchte tägliche Abläufe in der IT-Infrastruktur verantwortlich.

Application Management

Das Application Management ist verantwortlich für die Steuerung von Applikationen durch ihren Lebenszyklus. Die Funktion Application Management unterstützt und betreibt im Einsatz befindliche Applikationen. Ebenfalls spielt das Application Management eine wichtige Rolle beim Design, Testen, Release und bei der Verbesserung von Applikationen, die zu einem IT Service gehören.

IT Operations Management

IT Operations Management ist die verantwortliche Funktion für tägliche operative Aktivitäten, die notwendig sind, um die IT-Infrastruktur zu steuern. Dies ist zugeordnet nach definierten Leistungsstandards während des Service Design.

Das IT Operations Management hat zwei Funktionen, die einzigartig sind und hauptsächlich formal-organisatorische Strukturen haben. Diese sind:

- IT Operations Control, die generell mit im Schichtbetrieb tätigen Mitarbeitern besetzt ist und sicherstellt, dass routinemäßige Operationen durchgeführt werden. IT Operations Control führt auch zentralisierte Monitoring- und Steuerungsaktivitäten durch.
- Facilities Management bezieht sich auf das Steuern der physikalischen IT-Umgebung, üblicherweise auf Rechenzentren oder Computerräume. In vielen Unternehmen sind das Technical und das Application Management gemeinsam mit dem IT Operations Management in großen Rechenzentren tätig. In einigen Organisationen wurden viele physikalische Komponenten der IT-Infrastruktur extern ausgelagert und das Facilities Management überwacht die dazugehörigen Verträge.

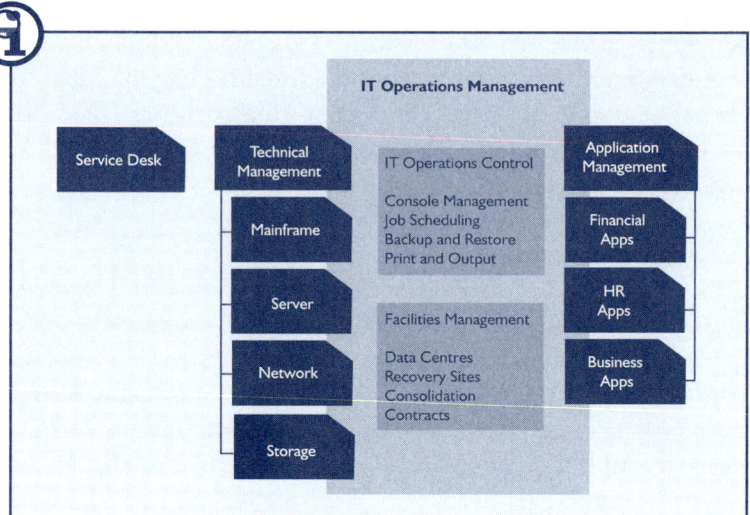

6.5 Die Rollen in Service Operation

Die wesentlichen Rollen, die besetzt und etabliert werden sollten, sind:

Rolle	Kurzbeschreibung
Incident Manager	Er ist verantwortlich für den gesamten Prozessablauf des Incident Management und für die Abwicklung von Major Incidents. Weiterhin erstellt er Berichte für das Management und erarbeitet Vorschläge, um die Effizienz und die Effektivität des Prozesses stetig zu optimieren.
Problem Manager	Der Problem Manager ist der zentrale Ansprechpartner für alle Belange bezüglich der Abwicklung und Verteilung der Aufgaben im Rahmen des Problem Management. Er stellt die Kommunikation mit allen Beteiligten sicher, organisiert die einzelnen Problem Resolution Teams und verantwortet den Inhalt und die Pflege der Known Error Database (KEDB).
Service Desk Manager	Der Service Desk Manager ist für alle Aktivitäten und weiteren Rollen innerhalb des Service Desk verantwortlich. Er fungiert als eine Eskalationsinstanz für seine Mitarbeiter. Weiterhin liefert er dem Management alle notwendigen Reports aus seinem Bereich und weist auf mögliche geschäftskritische Situationen hin. Dem Change Advisory Board steht er beratend zur Seite.

Rolle	Kurzbeschreibung
Super User	Benannte Super User in Organisationen können den Service Desk erheblich entlasten, indem sie die erste Anlaufstelle für die Anwender bilden und kleinere Störungen und Anfragen eigenständig erledigen.

Weiterhin sind die folgenden Rollen beschrieben:

- Service Desk Supervisor und Service Desk Analyst als Rollen unterhalb des Service Desk Managers
- Application Manager und Application Analyst
- Technical Manager, Technical Analyst und Technical Operators
- IT Operations Manager, IT Operations Analyst und IT Operators
- Contract Manager
- Building Manager

6.6 Zusammenfassung Service Operation

Ziele und Inhalte

- Koordination aller Aktivitäten, um den vereinbarten Service zu liefern
- Permanentes Management und Support der vorhandenen Technik
- Kontrolle, Steuerung und Handhabung der täglichen Prozesse
- Informationssammlung und Analyse für die kontinuierliche Verbesserung des Tagesgeschäftes

Basiskonzepte & Grundprinzipien

- IT Services vs. Technologische Komponenten
- Stabilität vs. Flexibilität
- Qualität Service vs. Kosten des Service
- Reaktiv vs. Proaktiv

Prozesse

- Event Management
- Incident Management
- Problem Management (reaktiv)
- Request Fulfillment
- Access Management

Zentrale Rollen

- Incident Manager
- Problem Manager
- Service Desk Manager
- Service Desk Analyst
- Service Desk Supervisor
- Application Manager
- Application Analyst
- Technical Manager
- ...

Funktionen

- Service Desk
- Technical Management
- Application Management
- IT Operation Management
  - Operation Control
  - Facility Management

Benefits

- Qualifizierte Ausführung der operativen Prozesse und Service
- Integrationsscheibe von Service und Infrastruktur zur Erzeugung des "Customer Value"
- Sicherstellung von Betriebsbalance zwischen interner IT Sicht und externem Business View
- Service Operation stellt die Services bereit und betreibt die Services gemäß vereinbarter Service Levels

Die ITIL® Referenzkarten jetzt endlich auf iPhone und iPad!
Beziehbar im Apple Appstore

Mit Handykamera einscannen

7. KAPITEL

CONTINUAL SERVICE IMPROVEMENT

7.1 Einführung in Continual Service Improvement (CSI)

Zielsetzung des Continual Service Improvement

Erhaltung und Verbesserung der Services und des Service Management zur Maximierung der Wertschöpfung für den Kunden und die Stakeholder.

Continual Service Improvement ist für die Identifikation und Implementierung von Aktivitäten zur Verbesserung der IT Services und der Service Management-Prozesse zuständig. Im Fokus steht die Verbesserung der Unterstützung des Business Outcome der Geschäftsprozesse. Ziel ist eine kontinuierliche Anpassung und Neuorientierung der IT Services an die sich immer schneller ändernden Business-Anforderungen. Dies geschieht durch das Review und die Analyse der erreichten Service Level. Des Weiteren werden Empfehlungen für Verbesserungen der Servicequalität für jede Phase des Service Lifecycle erarbeitet. Die Verbesserungen basieren somit auf übergreifenden Betrachtungen. Neben monetären Erwägungen (ROI – Return on Invest) spielen der erzeugte Mehrwert bezüglich weicher Faktoren und strategische Gesichtspunkte (VOI – Value of Investment) eine große Rolle.

7.2 Wichtige Grundbegriffe des Continual Service Improvement

Das Continual Service Improvement kennt vier Begrifflichkeiten, die im Zusammenhang mit den Ergebnissen des Service Improvement Verwendung finden:

Improvement (Verbesserung)

Unter einem Improvement versteht man ein positives Ergebnis aus der Prozessleistung bzw. der Serviceerbringung.
Beispiel: Die Reduzierung der Anzahl von fehlgeschlagenen Änderungen, die durch die Verbesserung eines etablierten Change Management erreicht wird.

Benefits (Vorteile)

Benefits sind die Effekte, die durch die Verbesserungen (Improvements) erzielt wurden.
Beispiel: Die Reduzierung der Anzahl von fehlgeschlagenen Änderungen hat dem Unternehmen 310.000 € an Kosten für verlorene Produktivität und Nacharbeiten gespart.

ROI – Return on Invest (Investitionsertrag)

Der ROI drückt die Differenz zwischen dem erzielten Benefit und den Kosten aus, die verursacht wurden, um den Benefit zu erwirtschaften. Dieser Faktor wird in der Regel in Prozent ausgedrückt. Den besten ROI erreicht man, wenn man mit einer kleinen Investition einen großen Benefit erzielen kann. Daher ist der ROI ein Faktor, mit dem die Güte einer Investition ausgedrückt werden kann.
Beispiel: Das Unternehmen hat 200.000 € für die Etablierung eines Change Management-Prozesses ausgegeben. Dieser Change-Prozess hat dem Unternehmen im ersten Jahr eine Ersparnis von 370.000 € gebracht. Der ROI war demnach 170.000 € oder 85 %.

VOI – Value on Invest (Investitionswert)

Der zusätzliche nicht monetäre oder Langzeitwert durch die Etablierung von Benefits wird als VOI bezeichnet.
Beispiel: Das Unternehmen etabliert einen Change Manage-

ment-Prozess (der die Anzahl an fehlgeschlagenen Änderungen reduziert). Damit wird die Fähigkeit des Unternehmens gestärkt, kurzfristig auf Änderungen des Marktes zu reagieren. Zusätzlich wird die Zusammenarbeit den einzelnen an den Änderungen beteiligten Business- und IT-Fachbereichen verbessert sowie der Ressourceneinsatz optimiert, womit mit dem gleichen Ressourceneinsatz eine größere Anzahl von Aufgaben und Projekten bewältigt werden kann.

PDCA-Modell (Deming Cycle)

Um Prozesse und Services mit einer entsprechenden Qualität designen und implementieren zu können, sind eindeutige Zielsetzungen und konkrete Vorstellungen bezüglich der zu erwartenden Ergebnisse erforderlich. Die Ergebnisse und die darüber hinaus möglichen Verbesserungen und Optimierungsansätze müssen nach einem strukturierten Verfahren kontrollierbar erzielt werden. Man spricht in der Praxis von einem „Process Continuous Improvement Cycle". Der Modellansatz, der diesem Verfahren zugrunde liegt, wird als Deming Cycle oder PDCA-Modell bezeichnet. In den 50er Jahren führte der amerikanische Professor W. E. Deming dieses Modell als einen der wichtigsten Mechanismen zur Qualitätsverbesserung in Japan ein. Die Japaner tauften den ursprünglichen Deming-Aktivitätenkreislauf im Unternehmen „Deming Cycle" und beschrieben damit einen kontinuirlichen Kreislauf der Verbesserung.

Der Deming Cycle wird in Qualitätsverbesserungsprozessen angewandt. Er besteht aus den vier Schritten Plan, Do, Check und Act, an die sich eine Konsolidierungsphase anschließt, die die schrittweise Verbesserung der IT-Prozesse vor einem Rückfall bewahrt. Während der Konsolidierungsphase führt die Organisation eine Bestandsaufnahme der erreichten Verbesserungen durch und stellt sicher, dass diese in den IT-Prozessen und Services verankert werden. Die Verbesserungen werden dokumentiert, um die Reproduzierbarkeit der Qualität zu gewährleisten und den erreichten Qualitätslevel schrittweise zu verbessern.

Continual Service Improvement Model (CSI-Modell)

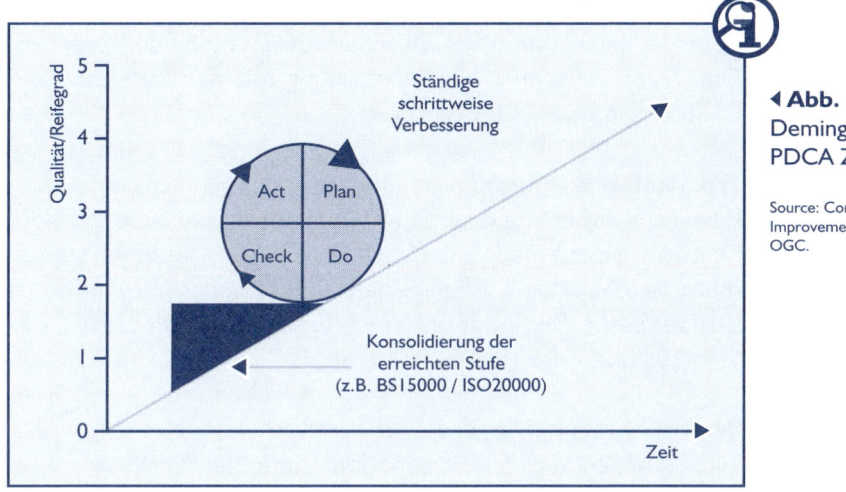

◀ **Abb.**
Deming Cycle /
PDCA Zyklus

Source: Continual Service Improvement produced by OGC.

Continual Service Improvement liefert praktische Hilfestellungen bei der Auswertung und Verbesserung der Services, des übergreifenden Reifegrads der Organisation und des gesamten Service Lifecycle inklusive der darunter liegenden Prozesse. Es gibt viele unterschiedliche Möglichkeiten und Ansätze für Verbesserungen. Das Continual Service Improvement-Modell beschreibt einen gleich bleibenden Management-Kreislauf für die Umsetzung von kontinuierlichen Verbesserungen.

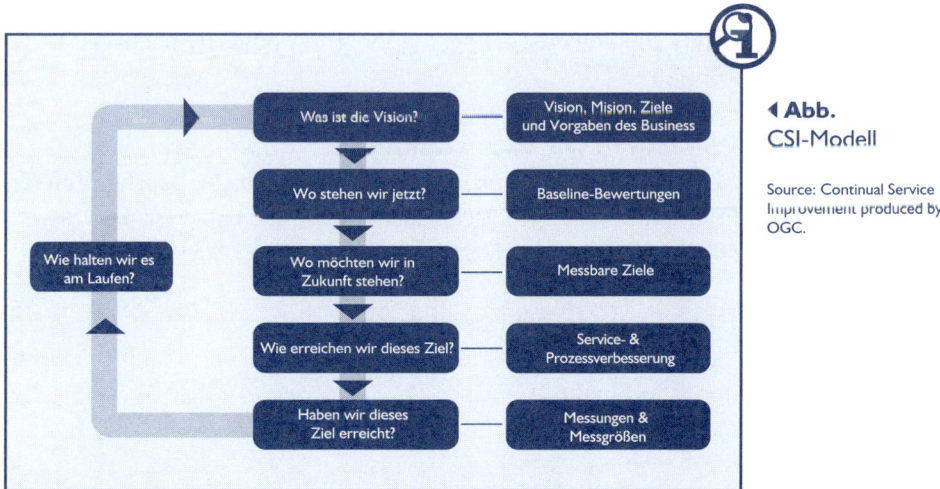

◀ **Abb.**
CSI-Modell

Source: Continual Service Improvement produced by OGC.

Was ist die Vision?

Berücksichtigen der Vision für das Service Management, indem die übergreifenden Geschäftsziele verstanden werden. Die Vision muss in Übereinstimmung mit der Business- und IT-Strategie betrachtet werden.

Wo stehen wir jetzt?

Basierend auf einem unabhängigen Snapshot wird die momentane Ausgangssituation betrachtet. Dieses Baseline Assessment beinhaltet die Analyse der momentanen Situation des Business, der Organisation, der Menschen, der Prozesse, der Services und/oder der Technologie.

Wo möchten wir in Zukunft stehen?

Hier werden die Prioritäten und Ziele der Verbesserungsmaßnahmen festgelegt. Damit werden die messbaren Schritte auf dem Weg zur Umsetzung der Vision definiert.

Wie erreichen wir dieses Ziel?

Bei diesem Schritt wird der detaillierte CSI-Plan definiert, um eine höhere Service oder Prozessqualität zu erreichen.

Haben wir dieses Ziel erreicht?

Bei diesem Schritt wird verifiziert, dass Messmethoden und Metriken etabliert sind, um den Fortschritt und die Zielerreichung der Verbesserungsmaßnahmen objektiv nachweisen zu können.

Wie halten wir es am Laufen?

Abschließend muss überprüft werden, ob die durchgeführten Maßnahmen in der Organisation verankert sind, sodass die erreichte Qualitätsverbesserung nachhaltig Wirkung zeigt.

Hauptgründe für Messungen

Es gibt vier Hauptgründe für das Durchführen von Monitoring und Messungen:

Validieren (to validate)
Messen und Monitoring, um getroffene Entscheidungen zu validieren bzw. zu überprüfen.

Steuerung (to direct)
Hauptsächlicher Grund für Messungen!!! Lenken und Steuern der Aktivitäten auf Basis von zuvor definierten Zielen. Jegliche Aktivität ohne Ziel ist blinder Aktionismus.

Rechtfertigung (to justify)
Messungen liefern Begründungen, warum Aktivitäten notwendig sind. Dieser Punkt bekommt für den CIO von heute immer höhere Bedeutung, da es die Wirtschaftlichkeit seiner IT nachweisen können muss.

Eingreifen (to intervene)
Einschalten und Ausführen von Verbesserungsmaßnahmen an einem zuvor definiertenPunkt.

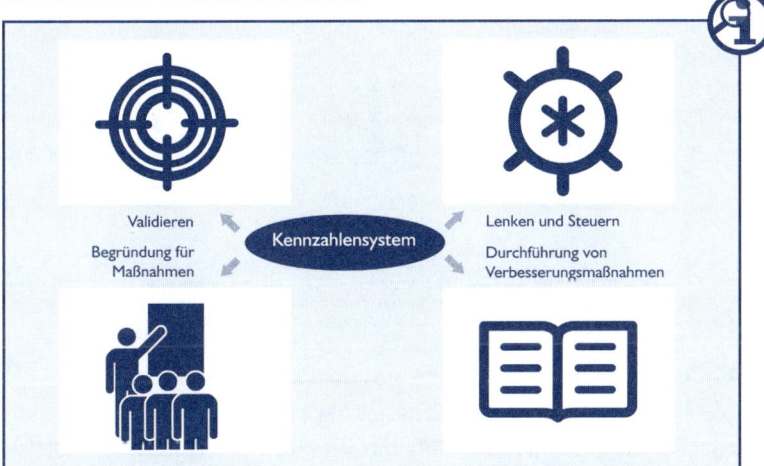

Baseline
Die Baseline ist der dokumentierte und akzeptierte Startpunkt für spätere Vergleiche und GAP-Analysen. In der Regel wird die erste Messung zur Baseline. Baselines gibt es für strategische Ziele, die Prozessreife (taktisch) sowie Metriken und Key Performance-Indikatoren (operationell).

7.3 Die Prozesse und Aktivitäten des Continual Service Improvement

Sieben-Schritte-Verbesserungsprozess (7-Step Improvement Process)

Einleitung und Zielsetzung

Der Sieben-Schritte-Verbesserungsprozess gibt eine konkrete Hilfestellung für die Umsetzung eines Verbesserungszyklus. In sieben Schritten wird beschrieben, wie – ausgehend von der Vision und Strategie der IT und des Business – eine Verbesserung identifiziert und umgesetzt werden kann.

Prozessmodell:

Abb. ▶
7 Schritte
Verbesserungsprozess

Source: Continual Service Improvement produced by OGC.

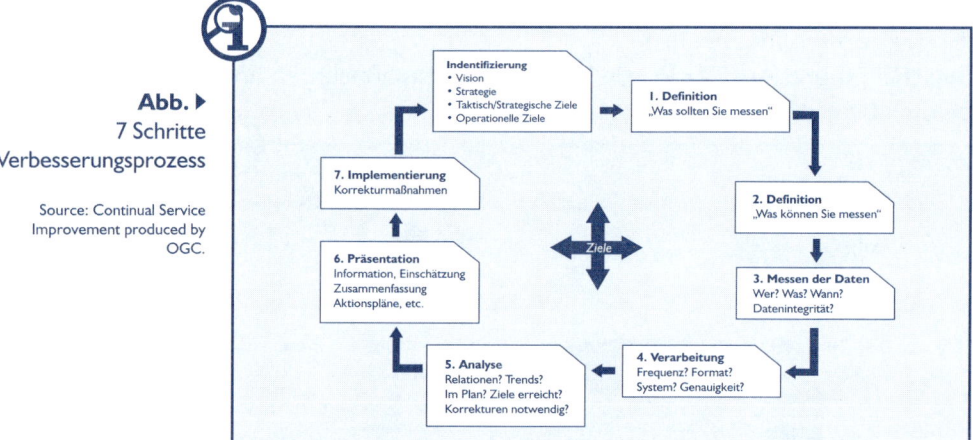

1. Definition: „Was sollte gemessen werden?"

Als erster Schritt des Verbesserungsprozesses wird eine Liste zusammengestellt, was für das Verbesserungsziel gemessen werden sollte. Was gemessen werden sollte, wird in der Regel durch die Business-Anforderungen bestimmt. Wichtig ist hier, nicht zu versuchen, jede Eventualität abdecken zu wollen, indem alle möglichen Metriken ausgewählt werden. Die Konzentration auf diejenigen Kennzahlen, die eine wirkliche Aussage über das definierte Verbesserungsziel erlauben, ist ein wesentlicher Erfolgsfaktor.

2. Definition: „Was kann gemessen werden?"

Jede Organisation hat Grenzen bei dem, was aktuell gemessen werden kann. Wenn etwas nicht gemessen werden kann, dann sollte es nicht Bestandteil eines SLA sein. Es ist sinnvoll, eine Liste mit den Metriken anzufertigen, die gemessen werden sollten, aber aktuell nicht gemessen werden können. Es ist möglich, dass neue Tools benötigt werden oder dass Anpassungen vorgenommen werden müssen, um die Möglichkeit zu erlangen, die notwendigen Messungen durchführen zu können.

3. Messen der Daten

Messung der Daten, um die Frage beantworten zu können: „Was erhalten wir?" Die Daten werden zuerst erfasst (normalerweise durch Service Operation). Die Erfassung/Messung erfolgt auf Basis der definierten Ziele und Zielsetzungen. Die Messdaten sind zu diesem Zeitpunkt im Rohformat ohne Zusammenfassungen bzw. Auswertungen. Eine Organisation muss drei unterschiedliche Typen von Daten sammeln, um die CSI-Aktivitäten umfassend zu unterstützen:

- Technische Metriken – Metriken auf Komponentenebene (z. B. Performance eines Servers)
- Prozess-Metriken – Key Performance-Indikatoren der Service Management-Prozesse (z. B. Anzahl erfolgreich durchgeführter Änderungen im Change Management)
- Service-Metriken – Metriken als Ergebnis einer End-to-End-Betrachtung des Services.

4. Verarbeitung

Nach dem Zusammentragen ist der nächste Schritt, die Daten in das benötigte Format zu bringen. Typischerweise werden an dieser Stelle Analyse- und Reporting-Technologien eingesetzt, um die Masse an Daten zu strukturieren und zu verarbeiten. Häufig werden die Daten in ein Format gebracht, welches eine End-to-End-Sicht auf die übergreifende Service Performance erlaubt.

5. Analyse der Daten

Hier werden aus Daten Informationen. Es werden Service-lücken sowie Trends analysiert und die Auswirkung auf das Business wird ermittelt.

6. Präsentation

Die Informationen werden aufbereitet, um ein genaues Bild der Ergebnisse der Verbesserungsanstrengungen den verschiedenen Stakeholdern zu präsentieren. Dem Unternehmen werden Informationen auf eine Art und Weise präsentiert, die die Bedürfnisse reflektiert und das Unternehmen darin unterstützt, die nächsten Schritte zu bestimmen.

7. Implementierung von Korrekturmaßnahmen

Das gewonnene Wissen wird als Grundlage verwendet, um Services zu optimieren und Korrekturmaßnahmen zu implementieren. Die Aufgabe des Managements ist es, Probleme zu identifizieren und Lösungen zu präsentieren. Die Maßnahmen, die ergriffen werden müssen, um den Service zu verbessern, werden der Organisation erläutert und kommuniziert. Als Folge dieses Schrittes etabliert die Organisation eine neue Baseline und der Zyklus startet erneut.

7.4 Die Rollen im Continual Service Improvement

CSI-Aktivitäten sind dann erfolgreich, wenn spezifische Rollen und Verantwortlichkeiten definiert und gelebt werden. Potentiell sind diese Rollen keine Vollzeitpositionen. Trotzdem ist es ein wesentlicher Erfolgsfaktor für die erfolgreiche Umsetzung von CSI, dass diese Rollen identifiziert und mit den richtigen Kompetenzen besetzt werden.

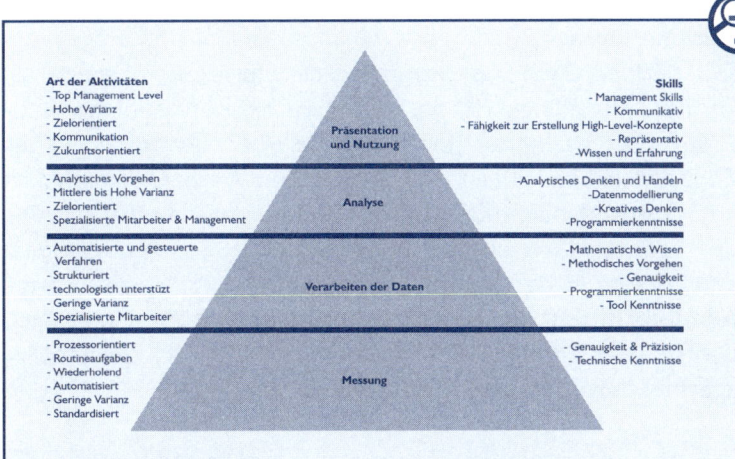

◄ **Abb.**
Notwendige Aktivitäten und Fähigkeiten im CSI

Source: Continual Service Improvement produced by OGC.

Service Manager

Der Service Manager koordiniert die Entwicklung, Implementierung, Evaluation und den Betrieb von neuen und bereits existierenden Produkten und Services. Der Service Manager verantwortet übergreifend die Service Management-Prozesse und sorgt für deren optimales Zusammenspiel im Service Lifecycle. Diese Rolle ist die Eskalationsinstanz für die Process Owner/Manager und berichtet direkt dem Sponsor.

CSI Manager

Diese Rolle ist erforderlich für ein erfolgreiches Verbesserungsprogramm. Der CSI Manager ist verantwortlich für den Erfolg aller Verbesserungsaktivitäten über den kompletten Service Lifecycle. Dieser zentrale Punkt der Verantwortlichkeit – kombiniert mit der notwendigen Kompetenz und Autorität – sorgt für ein erfolgreiches Verbesserungsprogramm. Er arbeitet eng mit den Service Ownern zusammen, um Verbesserungsmöglichkeiten zu identifizieren und zu priorisieren. Zusammen mit dem Service Level Manager stellt er sicher, dass die Monitoring-Anforderungen definiert sind und die Service Improvement-Pläne zur Umsetzung kommen. Der CSI Manager stellt sicher, dass alle CSI-Aktivitäten untereinander koordiniert sind.

Service Owner

Der Service Owner ist verantwortlich für einen spezifischen Service, unabhängig davon, von wem die notwendigen technologischen Komponenten, Prozesse oder Ressourcen in der Organisation bereitgestellt werden. Die Service Ownership ist im Service Management genauso wichtig wie die Etablierung der Process Ownership. Der Service Owner repräsentiert den Service in der gesamten Organisation (z. B. im Change Advisory Board). Er ist der Eskalationspunkt für Major Incidents seines Services. Er unterstützt den Service Level Manager bei der Verhandlung der SLA, OLA und UC.

Die hier beschriebenen Rollen stehen unter anderem für die Verkörperung der Konzepte einer serviceorientierten Organisation. Für den Betrieb einer klassischen, technologieorientierten Organisation mögen diese Rollen sehr irrelevant oder überzogen wirken. Für den Betrieb eines nach vorne denkenden, serviceorientierten IT Partners sind diese Rollen für das Business äußerst wichtig. Verbesserungen entstehen nicht von alleine. Verbesserungen benötigen strukturierte Programme und Prozesse. Diese Rollen beschreiben die Verantwortlichkeiten für diese Verbesserungsprogramme und -aktivitäten.

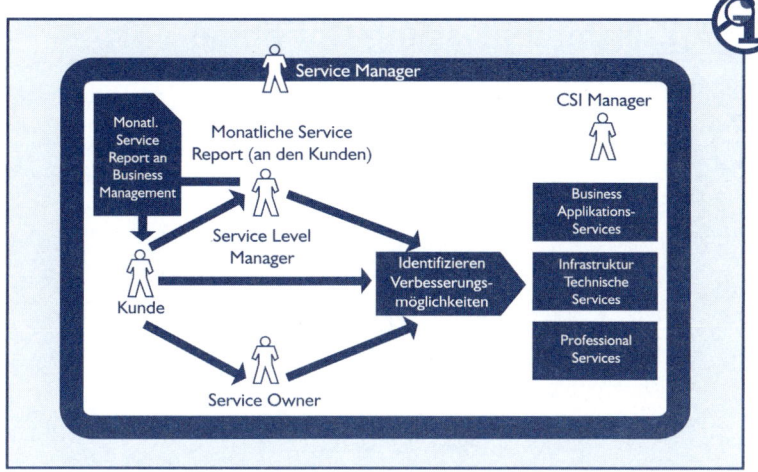

◄ Abb.
Service Management
Rollen und Kunden-
beteiligung

Source: Continual Service
Improvement produced by
OGC.

7.5 Zusammenfassung Continual Service Improvement

Ziele und Inhalte

- kontinuierliche Anpassung und Neuorientierung der IT Services an die sich ändernden Businessanforderungen
- Review und Analyse der erreichten Service Level.
- Erarbeitung von Empfehlungen in jeder Phase des Service Lifecycle
- Improvements auf Basis übergreifender Betrachtung
- Monetäre Betrachtung (ROI)
- verstärkte Betrachtung der Investition und Aufbau von Knowhow und Soft Skills (VOI)

Basiskonzepte & Grundprinzipien

- PCDA-Modell (Deming)
- RACI Matrix
- Governance Modelle (Enterprise, Corporate, IT Governance)
- Metriken (Technik, Prozess, Service)
- CSI Model
- Monitoring Loop
- Business Value

Prozesse

- "Der 7-Schritte-Verbesserungsprozess"
- Service Reporting
- Service Measurement
- Service Level Management (CSI)
- ROI for CSI

Zentrale Rollen

- Service Manager
- CSI Manager
- Knowledge Management Owner
- Reporting Analyst

Funktionen

Keine Funktionen vorhanden

Benefits

- übergreifende Verbesserung der Qualität der Servicebereitstellung zur Unterstützung der Business Prozesse
- Nachweisbarkeit des Abweichungsgrades zwischen Anforderungen und "Delivery"
- übergreifende Produktivitätssteigerung und Erhöhung der Effizienzpotenziale
- höhere Felxibilität für das Business durch klare uns dessbare Strukturen
- erhöhte Kundenzufriedenheit durch Qualitätskennzahlen gemäß Anforderung

Die ITIL® Referenzkarten jetzt endlich auf iPhone und iPad!
Beziehbar im Apple Appstore

Mit Handykamera einscannen

8. KAPITEL

DIE AUSWAHL
EINES ITSM TOOLS

8.1 Einführung

Das IT Service Management mit ITIL braucht entsprechende Tools und Werkzeuge. Doch welches Tool ist das richtige für den jeweiligen Einsatzzweck und in welchem Umfang ist eine Software in der Lage, ITIL-Prozesse abzubilden? Um den „richtigen Weg" zum „richtigen Tool" auf zu zeigen, gibt es ein Vorgehensmodell, das auf den folgenden Seiten erläutert wird.

8.2 Der Verlauf der Tool-Auswahl

Der idealisierte Verlauf der Tool-Auswahl kann in vier Phasen beschrieben werden.

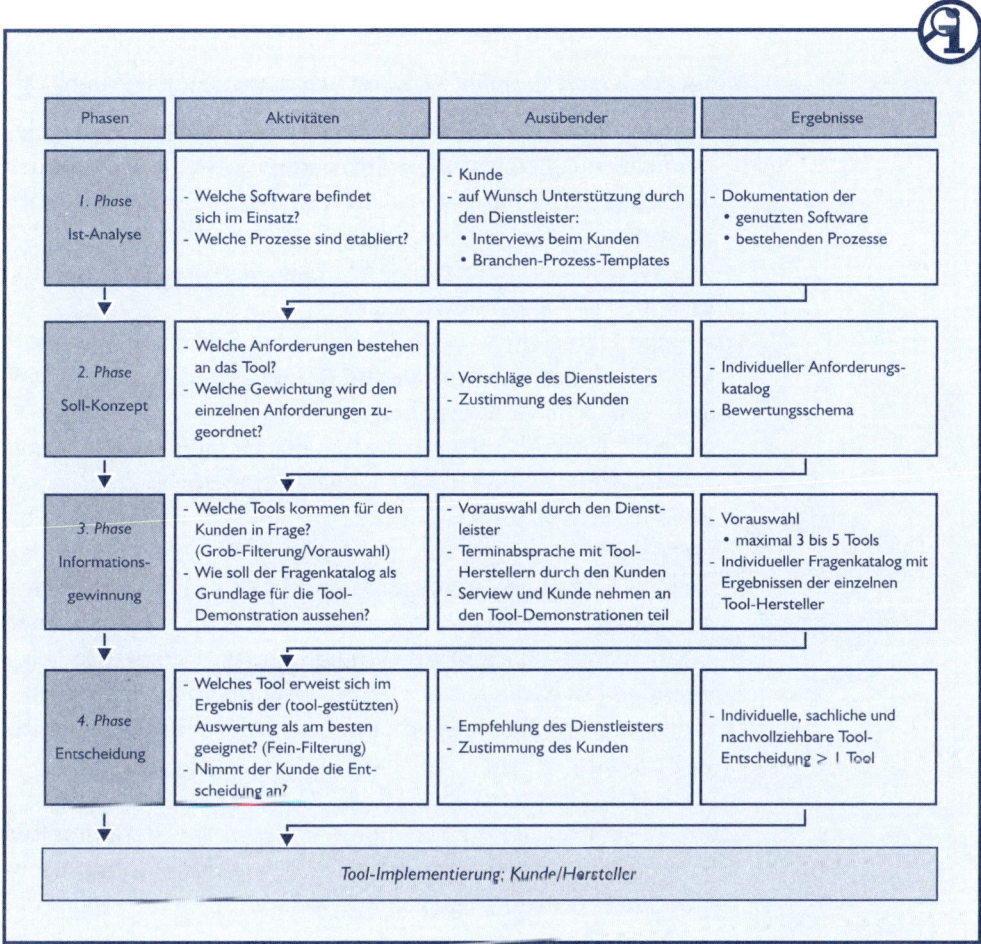

▲ **Abb.**
Vorgehensmodell zur Tool Evaluierung
(Quelle: SERVIEW GmbH)

8.3 Phase I: Ist-Analyse

In der ersten Phase der Tool-Auswahl steht die Aufnahme der für jedes Unternehmen individuellen Ist-Situation im Zusammenhang mit der Tool-Evaluierung im Vordergrund.

Folgende Gesichtspunkte sollten hier betrachtet werden:

- welche Tools befinden sich bereits im Einsatz? Hier spielen nicht nur prozessunterstützende Tools eine Rolle. Auch Tools aus dem operativen IT-Infrastruktur und System-Management müssen mit betrachtet werden
- welche Tool- und Herstellerstrategie wird im Unternehmen bzw. der IT-Organisation verfolgt?
- welche Daten sind wo und in welchem Format vorhanden?
- Einsatzgebiete der vorhandenen Tools (z. B. System Management, Softwareverteilung etc.)
- welches Know-how ist in Bezug auf die eingesetzten Tools bei den Mitarbeitern der IT-Organisation vorhanden?
- welche der o. g. Tools müssen / sollen / können ersetzt werden?
- welche IT Service Management-Prozesse und -Aktivitäten sind etabliert? Hierbei spielen auch nicht in ITIL definierte oder nicht ITIL-konform implementierte Prozesse eine wichtige Rolle, die in der IT-Organisation vorhanden sind
- werden die IT Services von internen oder externen Dienstleistern ausgeführt?

Zum Abschluss der ersten Phase müssen die gesammelten Erkenntnisse festgehalten und zur Verwendung in den nachfolgenden Schritten aufgearbeitet werden.

8.4 Phase II: Soll-Konzept

Das Ziel der zweiten Phase ist die Erarbeitung eines individuellen Anforderungskatalogs sowie eines Bewertungsschemas für die spätere Evaluierung und Auswahl des IT Service Management Tools. Im Rahmen der Anforderungsdefinition an das Tool werden im Wesentlichen die folgenden Punkte berücksichtigt:

- welche IT Service Management-Prozesse und -Aktivitäten sollen durch das Tool unterstützt bzw. abgebildet werden?
- welche Benefits und Ziele sollen durch den Einsatz des Tools erreicht werden? Hierbei ist es wichtig, nur Ziele zu definieren, die klar messbar und spezifisch sind
- welche nicht technischen und ITSM-orientierten Rahmenbedingungen müssen bei der Tool-Auswahl beachtet werden (z. B. Budget, Zeit, geplanter bzw. möglicher interner und externer Ressourceneinsatz)?
- Definition und Dokumentation der gewünschten Funktionalitäten und Rahmenbedingungen
- müssen alle geforderten Funktionalitäten in einem Tool abgebildet werden oder kann eine Kombination von verschiedenen Tools zum Einsatz kommen?
- gewünschtes Lizenzierungsmodell (z. B. Kauf oder Leasing, Concurrent Licensing etc.)
- muss die Abbildung der ITSM-Prozesse im Tool ITIL-konform sein?
- in welcher Form sollen die ITSM-Aktivitäten abgebildet werden (z. B. Eskalationen, Priorisierungsmatrizen etc.)?
- Konfigurationsmöglichkeiten
- Support durch den Tool-Hersteller
- technische Rahmenbedingungen (z. B. Datenformate, Schnittstellen, Technologie, etc.)

Nachdem der individuelle Anforderungskatalog zusammengestellt ist, müssen die einzelnen Leistungskriterien über eine Gewichtung priorisiert werden. Wie detailliert diese Gewichtung ausgearbeitet werden muss, hängt im Wesentlichen von der Komplexität des Anforderungskataloges ab. Abschließend wird aus der Kombination Gewichtung und

Leistungskatalog ein Bewertungsschema erstellt, welches die Grundlage für die spätere Auswahl des IT Service Management Tools darstellt.

8.5 Phase III: Informationsgewinnung

Derzeit sind über 170 unterschiedliche Toolsets am Markt erhältlich. Um eine effiziente Tool-Auswahl durchführen zu können, ist als erster Schritt eine Grobfilterung der angebotenen Tools notwendig. Am Ende dieser Grobauswahl sollte eine Beschränkung auf maximal fünf potentielle Kandidaten vorgenommen worden sein. Über die Kandidaten, die in der Vorauswahl übrig geblieben sind, werden anschließend Informationen nach den Vorgaben eines vorgefertigten Fragenkatalog eingeholt. Hierbei ist es sehr wichtig, die Informationen in einer einheitlichen Form abzufragen, dass die gewonnenen Erkenntnisse über die verschiedenen Produkte miteinander vergleichbar sind.

8.6 Phase IV: Entscheidung

Auf Grundlage des in Phase II erarbeiteten Leistungskataloges bzw. Bewertungsschemas und der in Phase III gewonnenen Informationen wird nun eine Entscheidungsvorlage erarbeitet.

Die Auswertung wird zeigen, welches Tool unter Berücksichtigung der im Vorfeld festgelegten Kriterien am besten für die Erfüllung der definierten Ziele geeignet ist.

Die auf Grundlage dieses Vorgehensmodells getroffene Entscheidung für ein IT Service Management Tool birgt die folgenden Eigenschaften in sich:

- sachlich auf Fakten beruhend
- jederzeit nachvollziehbar
- auf den individuellen funktionalen und nicht funktionalen Anforderungen des Unternehmens und der IT-Organisation beruhend

Best Practice

Haben Sie die Richtige schon gefunden? Serview-zertifiziertes Service Management nach ITIL mit der Wendia Tool-Suite POB

Gehen ausgereifte Technologie und kompetentes Projektmanagement Hand in Hand, ist der Weg frei für eine erfolgreiche und kosteneffiziente Umsetzung der ITIL Prinzipien. Mit Kompetenz, Erfahrung und einem klaren Verständnis für die Anforderungen des Marktes haben der Schweizer Softwarehersteller Wendia und die KryStone GmbH bereits über 260 Kundenorganisationen weltweit überzeugt.

Die richtige Lösung: POB (Point of Business)
- leistungsstarke CMDB, modularer Aufbau
- nach ITIL V3 Standards entwickelt und analystengeprüft
- reibungslose Integration
- maximale Standards, volle Flexibilität
- einfache Upgrades ohne Anpassungsverlust
- niedrige Betriebskosten
- funktionale Tiefe

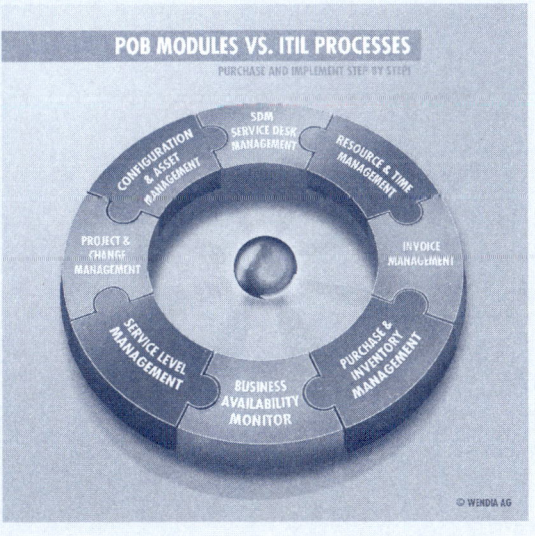

9. KAPITEL

SERVIEW CERTIFIED TOOL

9.1 SERVIEW CERTIFIED TOOL

Die herstellerunabhängige Auszeichnung für ITIL-basierende Service Management Lösungen.

SERVIEW CERTIFIEDTOOL wurde bereits 2003 ins Leben gerufen und hat sich seither auf dem Markt zu dem Qualitätssiegel für Service Management Lösungen entwickelt. Immer wieder werden Berater zu so genannten ITIL kompatiblen Lösungen während ihrer Trainings oder bei Beratungen befragt. Daraus ist die Idee geboren, allen Kunden die Möglichkeit zu geben, anhand eines „Gütesiegels" zu erkennen, welche auf dem Markt angebotenen Tools auch tatsächlich die ITIL-Prozesse und deren Wording unterstützen und welche Tools es nur behaupten.

SERVIEW CERTIFIEDTOOL zeichnet Hersteller aus

Mit SERVIEW CERTIFIEDTOOL haben alle Hersteller von Service Management Lösungen die Möglichkeit, ein neutrales, kostenloses und unabhängiges „Gütesiegel" für ihre Produkte und Suites zu erhalten und damit die ITIL-Kompatibilität und -Konformität bestätigen zulassen.

ITIL bildet die Grundlage

Die Grundlagen für das Gütesiegel SERVIEW CERTIFIED-TOOL bilden zum Einen die Anforderungen und Informationen, der von der OGC (Office of Government Commerce) veröffentlichten Bücher. Zum Anderen stellen die jahrelangen Projekterfahrungen und die daraus gewonnenen Erkenntnisse eine wichtige Grundlage dar, die beim Assessment der Hersteller Lösungen beachtet werden.

Vorteile für Anwender

Das Gütesiegel SERVIEW CERTIFIEDTOOL ist vor allem eine Entscheidungshilfe, die den Beschaffungsprozess vereinfacht. Denn was unabhängige Fachleute für gut befunden haben, muss nicht unbedingt noch einmal selbst geprüft werden. So spart man durch die zertifizierte Service Management Lösung schon Geld, bevor sie zum Einsatz kommt.

Der Weg zur Auszeichnung

SERVIEW CERTIFIEDTOOL ist eine Auszeichnung. Diese erhalten nur die besten Service Management Lösungen.
Wie können Hersteller diese Auszeichnung erhalten? Die vier Schritte zur Auszeichnung "SERVIEW CERTIFIEDTOOL":

Schritt 1: Bewerbung

Eine Bewerbung ist ein Leistungsangebot, mit dem der Bewerber den Adressaten davon überzeugen will, dass er sich für eine bestimmte Aufgabe eignet.

Schritt 2: Bewertung

Eine Bewertung ist ein Verfahren, das nach SERVIEW CERTIFIED-TOOL festgelegten Kriterien zur Bewertung der Qualität der Service Management Lösung dient. Hierzu wird ein standardisiertes Assessment, welches aus drei Teilbereichen besteht, durchgeführt.
• Anhand eines Self Assessment Workbook (Fragekatalog), beantwortet der Hersteller die jeweiligen Prozessfragen anhand 6 verschiedenen Qualitätskriterien

- Eine Auswertung und erste Bewertung dieser Antworten führt das SERVIEW CERTIFIEDTOOL Team durch
- Eine beim Hersteller vor Ort durchgeführte Analyse auf Grundlage der Bewertungskriterien der Out-of-the-Box Lösung ist die nächste Prüfung

Schritt 3: Beurteilung

 Eine Beurteilung ist eine Wahrnehmung eines Sachverhaltes. Sie ist eng mit dem Urteil im nicht-rechtlichen Sinne verwandt. Hier wird nun nach Auswertung des Assessments von den "SERVIEW CERTIFIEDTOOL" Experten über die Vergabe des Gütesiegels für Ihre Lösung entschieden.

Schritt 4: Bekanntmachung

Eine Bekanntmachung dient der Information, der Werbung oder der Vermittlung. Die erhaltene Auszeichnung SERVIEW CERTIFIEDTOOL wird durch gezielte Informationsverteilung Ihrem Zielpublikum bekannt gemacht.

www.certifiedtool.de

10. KAPITEL

SaaS 2.0

10.1 Kurzfassung

Bei der Bereitstellung von Software können Unternehmen heutzutage zwischen verschiedenen Modellen wählen. Bei der Entscheidung für ein Modell sind unterschiedliche Kriterien wichtig, zum Beispiel die Verfügbarkeit von IT-Personal, die Fähigkeit zur Verwaltung der Infrastruktur und zur Aufrechterhaltung des Betriebs, das Vorhandensein von Kapital- und Betriebsmitteln sowie die Möglichkeiten zur Integration und Anpassung.

Bestimmte Medien erwecken den Anschein, dass Software-as-a-Service (SaaS) das vorherrschende Modell in der heutigen Softwarewelt ist. Tatsächlich ist jedoch das herkömmliche, standortbasierte Bereitstellungsmodell, bei dem Software mit einer unbefristeten Lizenz erworben wird, noch immer vorherrschend.

In der Praxis hat jedes der Modelle spezielle Vor- und Nachteile. Darum sollten Unternehmen ihre Bedürfnisse und Anforderungen genau überdenken, bevor sie sich für eine der Möglichkeiten entscheiden. Dabei ist zu beachten, dass diese Optionen durchaus auch Hybridlösungen beinhalten können, also Mischformen aus standortbasierter Bereitstellung, SaaS und SaaS[2], die ganz eigene Herausforderungen und Vorteile mit sich bringen.

10.2 Überblick über die Bereitstellungsmodelle

Die Optionen, zwischen denen Unternehmen bei der Softwarebereitstellung wählen können, lassen sich in vier grundsätzliche Kategorien aufteilen: standortbasiert, ASP, SaaS und SaaS[2].

10.2.1 Standortbasierte Bereitstellung

Der am häufigsten anzutreffende Ansatz ist das standortbasierte Bereitstellungsmodell, bei dem ein Unternehmen die Software im Voraus erwirbt und durch internes und/oder externes IT-Fachpersonal auf den unternehmensinternen Servern oder Desktopcomputern installieren und einrichten lässt. Dieses Modell schließt den Erwerb einer „unbefristeten" Lizenz ein, wobei das Unternehmen Eigentümer der Software ist.

10.2.2 ASP

ASPs (Application Service Provider) erwerben Software von Anbietern standortbasierter Lösungen und hosten diese. Anschließend „vermietet" der ASP diese Software an seine Kunden, wodurch die Kunden die Zahlung von Lizenzgebühren vermeiden können, die sonst im Voraus anfallen würden. Die meisten dieser Lösungen weisen jedoch keine internetbasierte Architektur auf und sind somit nicht mandantenfähig. Außerdem lassen sich keine realen Kosteneinsparungen erzielen. Das ASP-Modell hat sich im Wesentlichen als wenig erfolgreich erwiesen und konnte sich daher nicht am Markt durchsetzen.

10.2.3 SaaS

Die nächste Entwicklungsstufe in der Softwarebereitstellung war SaaS oder Software-as-a-Service. Diese Software wurde von Anfang an konsequent im Hinblick auf das Internet entwickelt und entworfen. Sie basiert auf einer mandantenfähigen

Architektur, die für die Bedienung einer Vielzahl von Kunden entwickelt wurde und dadurch sowohl dem Anbieter als auch dem Kunden Effizienzgewinne und Kosteneinsparungen verschafft. Bei diesem Modell wird die Software nicht im Voraus erworben, sondern jährlich oder in Form von Abonnements bezahlt, die sich nach der Anzahl der Benutzer oder anderen Nutzungskriterien richten.

10.2.4 SaaS²

Ein neues Modell, das auf dem traditionellen SaaS-Modell aufbaut, ist „Solutions-as-a-Service" oder SaaS². Es weist eine Reihe weiterer Vorteile auf, die über typische SaaS-Angebote hinausgehen. SaaS²-Lösungen beruhen auf einer internetbasierten Plattform, unterstützen verschiedenste Anwendungen, können in Hybridumgebungen eingesetzt werden (standortbasiert und SaaS) und sind in der Lage, sowohl standortbasierte Anwendungen als auch Software-as-a-Service-Anwendungen bereitzustellen. Die Anwendungen sind robust und bieten eine bessere Bedienbarkeit sowie die Fähigkeit, Best Practices sowie komplexe Workflows und Konfigurationen gleichzeitig zu nutzen. Darüber hinaus zeichnen sie sich durch umfangreiche Service- und Supportangebote aus. Durch den standardmäßig großen Funktionsumfang und die komplette Verwaltungs-Lösung bietet der SaaS²-Ansatz einen höheren Mehrwert als herkömmliche SaaS-Optionen.

10.3 Bereitstellungsmodelle

10.3.1. Ansätze

Der Marktanteil von SaaS-Lösungen hat in den vergangenen Jahren im Vergleich zu standortbasierten Lösungen beständig zugenommen, auch wenn letztere nach wie vor die höchste Verbreitung aufweisen. Durch die Erweiterung des traditionellen SaaS-Modells zu „Solutions-as-a-Service" (SaaS^2) erreicht das Modell bezüglich des Funktionsumfangs sowie der Integrations- und Konfigurationsmöglichkeiten ein völlig neues Maß. So erhalten Unternehmen die Möglichkeit, Anwendungen ganz nach Wunsch zu kombinieren und genau an ihre Anforderungen anzupassen.

10.3.2. SaaS^2 und die Cloud

SaaS^2, die neueste Entwicklung auf dem Markt, die vor allem von FrontRange Solutions gefördert wird, bietet neben den herkömmlichen Vorteilen von SaaS-Angeboten eine Reihe weiterer Vorzüge wie u.a.:

- eine echte „Internet-basierte Cloud-Plattform"
- Bereitstellung einer Plattform mit verschiedenen Anwendungen für eine umfassendere Lösung
- integrierte Best Practices für mehr Standardisierung und Konsistenz
- flexible Services, Integrations- und Anpassungsmöglichkeiten, um spezielle Anforderungen zu erfüllen
- anpassungsfähige, einfache Preismodelle

Dank der Möglichkeiten zur Verwaltung der gesamten Lösung sowie zur Integration von Änderungen und Verbesserungen in die Kundenumgebung wird sichergestellt, dass Unternehmen eine Lösung erhalten, die exakt ihren Anforderungen entspricht und kaum Risiken aufweist. SaaS^2-Angebote zeichnen sich durch eine hervorragende Bedienbarkeit mit schneller Akzeptanz durch Anwender aus. Zudem bieten sie umfangreichere Workflow- und Konfigurationsmöglichkeiten und ermöglichen durch die hohe Automatisierbarkeit deutliche Produktivitätssteigerungen. Zusätzlich ist ein echter SaaS[2]-Anbieter dazu in der Lage, die Lösung in einer SaaS-Umgebung, einer Cloud-Umgebung oder einer standortbasierten Umgebung zu betreiben. Dies verschafft dem Kunden die Möglichkeit, flexibel auf zukünftige Änderungen im Geschäftsbetrieb zu reagieren. Durch eine richtige Kombination aus kundeninternen Zuständigkeiten und Verantwortlichkeiten des Serviceanbieters kann das SaaS[2]-Unternehmen vom reinen Anwendungsanbieter zu einem echten Geschäftspartner werden.

10.3.3. Vergleiche

Im Hinblick auf die marktbeherrschende Position der zwei wichtigsten Bereitstellungsmodelle – standortbasiert und SaaS – empfiehlt es sich, deren Stärken und Schwächen im direkten Vergleich aufzuzeigen.

10.3.3.1. Hauptunterschiede zwischen SaaS und standortbasierter Bereitstellung

Eine standortbasierte Lösung wird üblicherweise auf lokalen Servern installiert und am Standort des Kunden konfiguriert und bereitgestellt. Im Allgemeinen werden Anwendungen über das lokale Netzwerk (LAN) verfügbar gemacht, das meist wesentlich schneller ist als eine Internetverbindung. Der externe Zugriff auf das LAN durch Mitarbeiter im Außendienst ist zwar grundsätzlich möglich, die dabei erreichten Geschwindigkeiten sind jedoch deutlich geringer als bei Mitarbeitern, die mit standortbasierten Lösungen im Unternehmen auf Anwendungen zugreifen.

Bei SaaS-Lösungen erfolgt der Zugang grundsätzlich aus der Ferne, wobei die Infrastruktur (Server, Netzwerkkonnektivität, Redundanz, Failover usw.) vom SaaS-Anbieter verwaltet wird. Zusätzlich ist der SaaS-Anbieter für die Sicherheit der Anwendungsdaten verantwortlich. Die wichtigste Voraussetzung auf Seiten des Benutzers besteht in einer Internetverbindung mit hoher Bandbreite, damit erforderliche Anwendungen ausreichend schnell ausgeführt werden.

SaaS-Anwendungen unterscheiden sich in folgenden Punkten von standortbasierter Software:

- Benutzer benötigen Zugang zum Internet, um über einen zentral verwalteten Remote-Server auf die jeweilige Anwendung zugreifen zu können
- der Remote-Server stellt die Anwendung einer Vielzahl von Unternehmen gleichzeitig zur Verfügung – also nicht nur einem einzelnen Unternehmen
- für den Zugriff auf die Anwendung muss im Unternehmen außer einem Webbrowser keinerlei spezifische Software installiert werden
- die Software wird durch den SaaS-Anbieter gepflegt und gewartet, wodurch der Kunde vollständig entlastet wird
- der Kunde zahlt für die SaaS-Software üblicherweise eine monatliche „Miete" pro Benutzer. Dadurch lassen sich umfangreiche Anfangsinvestitionen vermeiden und stattdessen ein besser kalkulierbares Zahlungsmodell nutzen

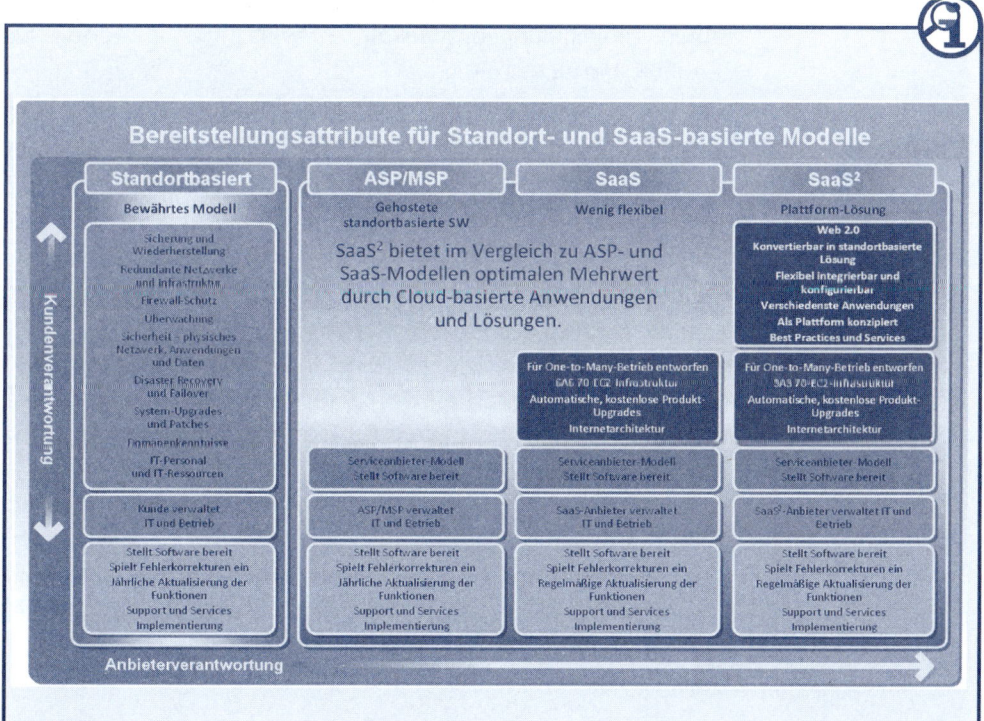

10.4. Überblick über die entscheidenden Faktoren

Unternehmen, die über eine leistungsfähige IT Abteilung und ausreichend Kapital für IT Investitionen verfügen, können sich durch den Voraus-Erwerb von Software und die Bereitstellung im gesamten Unternehmen Produktivitäts- und Kostenvorteile verschaffen. Mit dem standortbasierten Modell, das unbefristete Lizenzen umfasst, können sie sich von Mitbewerbern absetzen.

Im Gegensatz dazu kann für Unternehmen, die über begrenzte IT Ressourcen verfügen oder ihre Ressourcen auf andere, strategisch wichtigere Bereiche konzentrieren möchten, das Konzept des Zugriffs auf leistungsfähige Softwareanwendungen, die vollständig von einem Drittanbieter gewartet und gepflegt werden, interessanter sein. Angesichts der stetigen Weiterentwicklung und zunehmenden Reife von Internetanwendungen hat sich Software-as-a-Service zu einer praktikablen Möglichkeit entwickelt, Anwendungsfunktionen für Benutzer bereitzustellen.

Egal ob in einem globalen Fortune 500-Unternehmen oder in einer kleinen, agilen Produktionsfirma sollten Verantwortliche stets alle zentralen Fragen und Faktoren berücksichtigen, bevor sie sich für ein Softwaremodell entscheiden. Zu den Aspekten zählen u.a.:

* die Bedeutung der Anwendungen für den täglichen Geschäftsbetrieb des Unternehmens
* die internen IT Fähigkeiten des Unternehmens
* die Kapitalverfügbarkeit des Unternehmens
* das interne Fachwissen, das für den Betrieb der Anwendung erforderlich ist
* die Gesamtgröße der potenziellen Nutzerbasis innerhalb des Unternehmens
* das übliche Transaktionsvolumen, das die Anwendung bewältigen muss
* Daten- und Sicherheitsanforderungen
* die Verlagerung der Kosten

10.5. Solutions as a Service (SaaS²) und die Cloud

Die Experten sind davon überzeugt, dass Anbieter eine breite Palette an standortbasierten Anwendungen und SaaS²-Anwendungen benötigen, um die Anforderungen von Kunden flexibel erfüllen zu können

Durch die Möglichkeiten zur Verwaltung der gesamten Lösung sowie zur Integration von Änderungen und Verbesserungen in die Kundenumgebung wird bei SaaS² sichergestellt, dass Unternehmen eine Lösung erhalten, die ihren Anforderungen optimal entspricht und kaum Risiken aufweist. Die Geschäftsbeziehung zwischen Kunden und Lösungsanbietern wandelt sich von der reinen Anwendungsbereitstellung hin zu einer echten Geschäftspartnerschaft. SaaS²-Anbieter können die vollständige Verwaltung der Anwendung übernehmen, den Anwender-Support bereitstellen, Branchenexperten für Schulungen und Weiterbildungen zur Verfügung stellen und während des gesamten Lebenszyklus der Lösung die Konfigurations- und Wartungsaufgaben ausführen.

Best Practice

Michael Kresse, Geschäftsführender Gesellschafter der SERVIEW GmbH

Wie wir gesehen haben, ist es keineswegs leicht, die beste Methode für die zukünftige Softwarebereitstellung eines Unternehmens zu ermitteln. Käufer haben heutzutage mehr Optionen als jemals zuvor.

Keine Lösung ist für jedes Unternehmen geeignet. Jedes Unternehmen muss die wichtigsten Faktoren bestimmen und eine Gewichtung dieser Kriterien vornehmen, bevor eine Entscheidung getroffen wird.

Derzeit gibt es leider nur wenige ITSM Tool-Hersteller die ihre Lösung als Solution as a Service (Saas²) anbieten können.

Das derzeit führende Unternehmen auf diesem Gebiet ist die Firma FrontRange mit ihrer ITSM-Lösung. Ich wünschte mir mehr ITSM-Hersteller, die diesen innovativen Weg so konsequent wie FrontRange gehen.

www.frontrange.com

**Mit Handy scannen
und mehr erfahren**

II. KAPITEL

WICHTIGE ORGANISATIONEN IN DER ITSM-WELT

OGC
www.ogc.co.uk

Das Office of Government Commerce (OGC) ist der britischen Finanzverwaltung unterstellt und kümmert sich um die Verbesserung der zentralen Verwaltungsprozesse. Die OGC hat die ITIL Best Practice-Standards erstellt und ist der intelektuelle Eigentümer.

APMG
www.apmgroup.co.uk

Die APM Group ist der Rechteinhaber, der im Namen des OGC Unternehmen wie die SERVIEW durch eine Akkreditierung befähigt, offizielle ITIL, PRINCE2, M_o_R, MSP und P3O Schulungen durchzuführen.

SERVIEW
www.serview.de

Die SERVIEW GmbH ist die führende Unternehmensberatung, die sich auf Business-IT Alignment durch ganzheitliche Beratungs- und Schulungsleistungen spezialisiert hat.

SERVIEW Institute
www.serview-institute.de

Das SERVIEW Institute ist eine vom Ansatz her unabhängig agierende Organisation als Kommunikationsplattform rund um das Thema ITIL. Durch verschiedene Events wird Anwendern von ITIL eine Bühne für den Erfahrungsaustausch und die Informationsgewinnung geboten.

SERVIEW CERTIFIED TOOL
www.certifedtool.de

CERTIFIED TOOL ist das weltweite Gütesiegel für alle ITSM-Tools. Mit der Auszeichnung demonstrieren Toolhersteller, dass sie ITIL-Prozesse mit ihrer Software adäquat unterstützen und oder abbilden können.

Coming soon in 2011!

Best Management Practice Forum
www.bmp-forum.de

Die aus dem Hause der OGC stammenden Frameworks für Portfolio, Project, Risk, Value und Service Management werden übergreifend unter dem Namen Best Management Practices zusammengefasst. Das Best Management Practice Forum stellt alle wesentlichen Informationen zu diesen Frameworks zur Verfügung, ermöglicht den fachlichen Austausch und unterstützt alle Anwender auf ihrem Weg der praktischen Umsetzung in den Organisationen.

ITSMF
www.itsmf.de

Das ITSMF ist eine unabhängige und international anerkannte Organisation für IT Service Management.

12. KAPITEL

GLOSSAR

A

Abschluss

[Closure]-(Service Operation)
Ändern des Status eines Incident, Problems, Change etc. in „Geschlossen".

Access Management

[Access Management] -
(Service Operation)
Der Prozess, der für die Zulassung der Nutzung von IT Services, Daten und anderen Assets durch Anwender verantwortlich ist.
Das Access Management bietet Unterstützung beim Schutz der Vertraulichkeit, Integrität und Verfügbarkeit von Assets, indem sichergestellt wird, dass nur berechtigte Anwender auf die jeweiligen Assets zugreifen oder Änderungen an diesen vornehmen können. Das Access Management kann auch als Berechtigungs-Management oder Identitäts-Management (Identity Management) bezeichnet werden.

Aktivität

[Activity]
Eine Gruppe von Aktionen, anhand derer ein bestimmtes Ergebnis erzielt werden soll. Aktivitäten werden in der Regel als Teil von Prozessen oder Plänen definiert und als Verfahren dokumentiert.

Alarm

[Alert] - (Service Operation)
Eine Warnung, dass ein Grenzwert erreicht oder eine Änderung vorgenommen wurde bzw. dass ein Ausfall aufgetreten ist. Ein Alarm wird häufig über System Management Tools erstellt und verwaltet. Die Verwaltung erfolgt im Event Management Prozess.

Analyse der zugrunde liegenden Ursache

[Root Cause Analysis (RCA)] -
(Service Operation)
Eine Aktivität, die die zugrunde liegende Ursache eines Incident oder Problems identifiziert. Die RCA konzentriert sich in der Regel auf Ausfälle in der IT-Infrastruktur. Siehe Serviceausfallanalyse.

Anforderung

[Requirement] - (Service Design)
Die formale Formulierung dessen, was benötigt wird. Zum Beispiel eine Service Level Anforderung, eine Projektanforderung oder die Anforderung der erforderlichen Lieferergebnisse für einen Prozess. Siehe Statement of Requirements.

Application Management

[Application Management] -
(Service Design)
(Service Operation)
Die Funktion, die für die Verwaltung von Anwendungen

während ihres gesamten Lebenszyklus verantwortlich ist.

Application Sizing
(Kapazitätsermittlung für neue oder geänderte Anwendungen)
[Application Sizing] -
(Service Design)
Die Aktivität, mit der Informationen zu den Anforderungen an die Ressourcen ermittelt werden, die für die Unterstützung einer neuen Anwendung oder für die Durchführung umfassender Changes in vorhandenen Anwendungen erforderlich sind. Das Application Sizing soll dabei sicherstellen, dass der IT Service die vereinbarten Service Level Ziele für die Kapazität und die Performance erreicht.

Asset
[Asset] - (Service Strategy)
Bezeichnung für jedwede Ressource oder Fähigkeit. Die Assets eines Service Providers umfassen alle Elemente, die zur Erbringung eines Service beitragen können. Assets können folgende Typen einschließen: Management, Organisation, Prozess, Wissen, Mitarbeiter, Informationen, Anwendungen, Infrastruktur und finanzielles Kapital.

Attribut
[Attribute] - (Service Transition)
Ein Teil der Informationen zu einem Configuration Item.

Beispiele dafür sind der Name, der Standort, die Versionsnummer und Kosten. Attribute von CIs werden in der Configuration Management Database (CMDB) erfasst. Siehe Beziehung.

Ausfallzeit
[Downtime] - (Service Design)
(Service Operation)
Der Zeitraum, in dem ein Configuration Item oder IT Service während der vereinbarten Servicezeit nicht verfügbar ist. Die Verfügbarkeit eines IT Service wird häufig mithilfe der vereinbarten Servicezeit und der Ausfallzeit berechnet.

Auswirkung
[Impact] - (Service Operation)
(Service Transition)
Ein Maß für die Folgen eines Incident, Problems oder Change auf die Business-Prozesse. Die Auswirkung basiert häufig darauf, inwieweit Service Levels betroffen sind. Mithilfe der Auswirkung und der Dringlichkeit erfolgt die Zuweisung einer Priorität.

Availability Management
[Availability Management] -
(Service Design)
Der Prozess, der für die Definition, Analyse, Planung, Messung und Verbesserung sämtlicher Aspekte in Bezug auf die Verfügbarkeit von IT Services verantwortlich ist. Im Availability Management muss

sichergestellt werden, dass die gesamte IT-Infrastruktur, sowie sämtliche Prozesse, Hilfsmittel, Rollen etc. für die vereinbarten Service Level Ziele eine entsprechende Verfügbarkeit ermöglichen.

Availability-Plan

(Verfügbarkeitsplan) [Availability Plan] - (Service Design)
Ein Plan, mit dem sichergestellt wird, dass bestehende und zukünftige Verfügbarkeitsanforderungen für IT Services unter Berücksichtigung der Wirtschaftlichkeit bereitgestellt werden können.

B

Baseline

[Baseline] - (Continual Service Improvement)
Eine Benchmark, die als Referenzpunkt verwendet wird. Beispiele:
- mit einer ITSM-Baseline als Ausgangspunkt können die Folgen eines Serviceverbesserungsplans gemessen werden
- mit einer Performance Baseline können Änderungen in der Performance während der Lebensdauer eines IT Service gemessen werden
- mit einer Configuration Management Baseline kann eine bekannte Configuration einer IT-Infrastruktur wiederhergestellt werden, wenn ein Change oder ein Release fehlschlägt

Beziehung

[Relationship]
Eine Verbindung oder die Interaktion zwischen zwei Personen oder Elementen. Beim Business Relationship Management handelt es sich dabei um die Interaktion zwischen dem IT Service Provider und dem Business. Beim Configuration Management ist eine Beziehung eine Verknüpfung zwischen zwei Configuration Items, die eine gegenseitige Abhängigkeit oder Verbindung kennzeichnet. Beispielsweise können Anwendungen mit den Servern verknüpft sein, auf denen sie ausgeführt werden. IT Services verfügen über zahlreiche Verknüpfungen zu all den CIs, die zur Bereitstellung des jeweiligen Service beitragen.

Build

[Build] - (Service Transition)
Die Aktivität in Bezug auf die Gruppierung einer Reihe von Configuration Items als Teil eines IT Service. Der Begriff „Build" bezeichnet auch ein Release, das zur Verteilung freigegeben ist. Beispiele dafür sind ein Server-Build oder ein Laptop-Build. Siehe Configuration Baseline.

Business Capacity Management (BCM)

[Business Capacity Management (BCM)] - (Service Design)
Im Kontext von ITSM ist das

Business Capacity Management die verantwortliche Aktivität, um die zukünftigen Business-Anforderungen für die Verwendung im Capacity-Plan nachzuvollziehen. Siehe Service Capacity Management.

Business Continuity Management (BCM)
[Business Continuity Management (BCM)] - (Service Design)
Der Business-Prozess, der für den Umgang mit Risiken verantwortlich ist, die zu schwerwiegenden Auswirkungen auf das Business führen können. Das BCM sichert die Interessen der wichtigsten Stakeholder, das Ansehen, die Marke und die wertschöpfenden Aktivitäten des Business. Für den Fall einer Unterbrechung der Geschäftsabläufe werden im BCM-Prozess die Risiken auf ein akzeptables Maß reduziert und eine Planung der Wiederherstellung von Business-Prozessen vorgenommen. Das BCM legt die Ziele, den Umfang und die Anforderungen für das IT Service Continuity Management fest.

Business Relationship Management
[Business Relationship Management] - (Service Strategy)
Der Prozess oder die Funktion, der bzw. die für die Pflege von Beziehungen zum Business verantwortlich ist. Das BRM umfasst in der Regel:

- die Pflege von persönlichen Beziehungen zu Business-Managern
- die Bereitstellung von Input zum Service Portfolio Management
- die Sicherstellung, dass der IT Service Provider den Business-Anforderungen der Kunden gerecht wird.
Dieser Prozess ist eng mit dem Service Level Management verknüpft.

Business Service Management (BSM)
[Business Service Management (BSM)] - (Service Strategy) (Service Design)
Ein Ansatz zur Verwaltung von IT Services, bei dem die unterstützten Business-Prozesse und der Geschäftswert berücksichtigt werden. Dieser Begriff bezeichnet darüber hinaus die Verwaltung von Business-Services, die für Business-Kunden bereitgestellt werden.

Business-Auswirkungsanalyse
(Business Impact Analysis, BIA) [Business Impact Analysis (BIA)] - (Service Strategy)
Die BIA ist die Aktivität im Business Continuity Management, die die Vital Business Functions und deren Abhängigkeiten identifiziert. Diese Abhängigkeiten können zwischen Suppliern, Mitarbeitern, anderen Business-

Prozessen, IT Services etc. bestehen.Die BIA definiert die Wiederherstellungsanforderungen für IT Services. Zu diesen Anforderungen gehören die maximale Wiederherstellungszeit nach einem Ausfall, der tolerierte Datenverlust aufgrund von Ausfällen und die mindestens erforderlichen Service Level Ziele für die jeweiligen IT Services.

Business-Prozess
[Business Process]
Ein Prozess, für den das Business verantwortlich ist und der vom Business ausgeführt wird. Ein Business-Prozess ist an der Bereitstellung eines Produkts oder eines Service für einen Business-Kunden beteiligt. Für einen Händler kann beispielsweise ein Einkaufsprozess definiert sein, über den die Bereitstellung von Services für seine Business-Kunden unterstützt wird. Viele Business-Prozesse basieren auf IT Services.

C

Capability Maturity Model (CMM)
[Capability Maturity Model (CMM)] - (Continual Service Improvement)
Beim Capability Maturity Model for Software (auch als CMM und SW-CMM bezeichnet) handelt es sich um ein Modell, das verwendet wird, um die Best

Practices zur Unterstützung eines zu steigernden Reifegrads für Prozesse zu identifizieren. Das CMM wurde am Software Engineering Institute (SEI) der Carnegie Mellon University in den USA entwickelt. Im Jahr 2000 wurde eine Aktualisierung des SW-CMM zur CMMI® (Capability Maturity Model Integration) vorgenommen. Das SW-CMM-Modell mit den zugehörigen Bewertungsmethoden oder dem Schulungsmaterial wird heute allerdings nicht mehr vom SEI verwaltet.

Capacity Management
[Capacity Management] - (Service Design)
Der Prozess, bei dem sichergestellt wird, dass die Kapazität der IT Services und die IT-Infrastruktur ausreicht, um die vereinbarten Service Level Ziele wirtschaftlich und zeitnah erreichen zu können. Beim Capacity Management werden alle Ressourcen, die für die Erbringung von IT Services erforderlich sind, sowie Pläne für kurz- mittel- und langfristige Business-Anforderungen, berücksichtigt.

Capacity Management Information System (CMIS)
[Capacity Management Information System (CMIS)] - (Service Design)
Ein virtueller Speicherort für sämtliche Capacity Manage-

ment Daten, der in der Regel an mehreren physischen Standorten abgelegt wird. Siehe Service Knowledge Management System.

Capacity-Plan

[Capacity Plan] - (Service Design)
Ein Capacity-Plan wird verwendet, um die für die Erbringung von IT Services erforderlichen Ressourcen zu verwalten. Der Plan umfasst Szenarios in Bezug auf unterschiedliche Prognosen für Business-Anforderungen sowie Optionen inklusive Kostenkalkulation, um die vereinbarten Service Level Ziele zu erreichen.

Capacity-Planung

[Capacity Planning] - Service Design)
Die Aktivität innerhalb des Capacity Management, die für die Erstellung eines Capacity-Plans verantwortlich ist.

Change

[Change]   (Service Transition)
Hinzufügen, Modifizieren oder Entfernen eines Elements, das Auswirkungen auf die IT Services haben könnte. Der Umfang eines Change sollte sämtliche IT Services, Configuration Items, Prozess, Dokumentationen etc. einschließen.

Change Advisory Board (CAB)

[Change Advisory Board (CAB)] - (Service Transition)
Eine Gruppe von Personen, die den Change Manager bei der Bewertung, Festlegung von Prioritäten und zeitlichen Planung in Bezug auf Changes beraten. Dieses Gremium setzt sich in der Regel aus Vertretern aller Bereiche des IT Service Providers, dem Business und den Drittparteien wie z. B Suppliern zusammen.

Change Management

[Change Management] - (Service Transition)
Der Prozess, der für die Steuerung des Lebenszyklus aller Changes verantwortlich ist. Wichtigstes Ziel des Change Management ist, die Durchführung von lohnenden Changes bei einer minimalen Unterbrechung der IT Services zu ermöglichen.

Change Request

(Change-Antrag) [Change Request]
Synonym für Request for Change.

Change Schedule

[Change Schedule] - (Service Transition)
Ein Dokument, das alle genehmigten Changes und deren geplanten Implementierungsdaten aufführt. Ein Change

Schedule wird manchmal auch als „Forward Schedule of Change" (Zeitplan künftiger Changes) bezeichnet, auch wenn Informationen zu Changes enthält, die bereits implementiert wurden.

CI-Typ
[CI Type] - (Service Transition)
Eine Kategorie mit der CIs klassifiziert werden. Der CI-Typ identifiziert die erforderlichen Attribute und Beziehungen für einen Configuration Record. Häufige CI-Typen sind: Hardware, Dokumente, Anwender.

Cold Standby
[Cold Standby]
Synonym für allmähliche Wiederherstellung.

Component Capacity Management (CCM)
[Component Capacity Management (CCM)] - (Service Design) (Continual Service Improvement)
Der Prozess, der für die Aspekte der Kapazität, Auslastung und Performance von Configuration Items verantwortlich ist. Hier werden Daten für den Einsatz im Capacity-Plan gesammelt, erfasst und analysiert. Siehe Service Capacity Management.

Component Failure Impact Analysis (Analyse der Auswirkungen von Komponentenausfällen, CFIA)
[Component Failure Impact Analysis (CFIA)] - (Service Design)
Eine Technik, mithilfe derer die Auswirkungen eines CI-Ausfalls auf IT Services ermittelt werden können. Es wird eine Matrix erstellt, die die IT Services den CIs gegenüberstellt. So können kritische CIs (die den Ausfall mehrerer IT Services verursachen können) und anfällige IT Services (die über mehrere Single Points of Failure verfügen) identifiziert werden.

Configuration Baseline
[Configuration Baseline] - (Service Transition)
Eine Baseline für eine Configuration, die formal vereinbart und über den Change Management Prozess verwaltet wird. Eine Configuration Baseline dient als Basis für zukünftige Builds, Releases und Changes.

Configuration Item (Konfigurationselement, CI)
[Configuration Item (CI)] - (Service Transition)
Alle Komponenten, die verwaltet werden müssen, um einer IT Service bereitstellen zu können. Informationen zu den einzelnen CIs werden in einem Configuration Record innerhalb des Configuration Management Systems erfasst und über den gesamten Lebenszyklus hinweg vom Configuration Management verwaltet. CIs unterstehen

der Steuerung und Kontrolle des Change Management. CIs umfassen vor allem IT Services, Hardware, Software, Gebäude, Personen und formale Dokumentationen, beispielsweise zum Prozess und SLAs.

Configuration Management
[Configuration Management] - (Service Transition)
Der Prozess, der für die Pflege von Informationen zu Configuration Items einschließlich der zugehörigen Beziehungen verantwortlich ist, die für die Erbringung eines IT Service erforderlich sind. Diese Informationen werden über den gesamten Lebenszyklus des CI hinweg verwaltet. Das Configuration Management ist Teil eines umfassenden Service Asset and Configuration Management Prozesses.

Configuration Management Database (CMDB)
[Configuration Management Database (CMDB)] - (Service Transition)
Eine Datenbank, die verwendet wird, um Configuration Records während ihres gesamten Lebenszyklus zu speichern. Das Configuration Management System verwaltet eine oder mehrere CMDBs, und jede CMDB speichert Attribute von CIs sowie Beziehungen zu anderen CIs.

CRAMM
[CRAMM] - (Service Strategy)
Eine Methode und ein Hilfsmittel für die Analyse und Verwaltung von Risiken. CRAMM wurde von der britischen Regierung entwickelt, untersteht jetzt allerdings einer privaten Inhaberschaft. Weitere Informationen dazu finden Sie unter www.cramm.com

D

Definitive Media Library (Maßgebliche Medienbibliothek, DML)
[Definitive Media Library (DML)] - (Service Transition)
Ein oder mehrere Standorte, an denen die endgültigen und genehmigten Versionen aller Software Configuration Items sicher gespeichert sind. Die DML kann darüber hinaus zugehörige CIs wie Lizenzen und Dokumentationen beinhalten. Die DML ist als einzelner logischer Speicherbereich definiert, auch wenn sie auf verschiedene Speicherorte aufgeteilt ist. Die gesamte Software in der DML untersteht der Steuerung des Change und Release Management und wird im Configuration Management System erfasst. Für ein Release ist ausschließlich der Einsatz von Software aus der DML akzeptabel.

Demand Management
[Demand Management]
Aktivitäten, die sich mit dem
Bedarf des Kunden an Services
befassen und auf diesen Bedarf
sowie auf die Bereitstellung der
Kapazität Einfluss nehmen, um
ihm gerecht zu werden. Auf
strategischer Ebene kann das
Demand Management die
Analyse von Business-Aktiv-
itätsmustern und Anwender-
profilen einbeziehen. Auf
taktischer Ebene kann es
eine differenzierte Leistungsverrechnung einsetzen, um
die Nutzung von IT Services
bei den Kunden zu Zeiten
einer geringeren Auslastung
zu fördern. Siehe Capacity
Management.

Direkte Kosten
[Direct Cost] - (Service Strategy)
Kosten für die Bereitstellung
eines IT Service, die in voller
Höhe einem bestimmten
Kunden, einem Cost Center,
einem Projekt etc. zugeord-
net werden. Dazu gehören
beispielsweise Kosten für die
Bereitstellung von speziell für
einen Zweck eingesetzten
Servern oder Softwarelizenzen
Siehe Indirekte Kosten.

Dringlichkeit
[Urgency] - (Service Transition)
(Service Design)
Ein Wert, der wiedergibt, wie
lange es dauert, bis ein Incident,
Problem oder Change maßge-

bliche Auswirkungen auf das
Business hat. Ein Incident mit
erheblichen Auswirkungen kann
beispielsweise von geringer
Dringlichkeit sein, wenn die
Auswirkungen das Business bis
zum Ende des Geschäftsjahrs
nicht beeinträchtigen. Auf der
Grundlage der Auswirkung und
Dringlichkeit werden Prioritäten zugewiesen.

E

**Emergency Change Advi-
sory Board (ECAB)**
*[Emergency Change Advisory
Board (ECAB)] - (Service Transition)*
Eine Teilgruppe des Change
Advisory Board, die Entscheidungen zu Notfall-Changes
trifft, die umfassende
Auswirkungen nach sich
ziehen. Über die Zusam-
mensetzung des ECAB kann
bei der Einberufung eines
Meetings entschieden werden,
und diese richtet sich nach der
Art des Notfall-Change.

**Eskalation
[Escalation] - (Service Operation)**
Eine Aktivität, bei der zusätzliche Ressourcen eingeholt werden, wenn diese erforderlich
sind, um den Service Level Zielen oder Kundenerwartungen
gerecht zu werden. Eskalationen können innerhalb aller IT
Service Management Manage-

ment Prozesse erforderlich sein, werden jedoch meistens mit dem Incident Management, dem Problem Management und dem Kundenbeschwerde-Management in Verbindung gebracht. Es sind zwei Eskalationstypen definiert: funktionale Eskalation und hierarchische Eskalation.

Event

[Event] - (Service Operation)
Eine Statusänderung, die für die Verwaltung eines Configuration Item oder IT Service von Bedeutung ist. Der Begriff „Event" bezeichnet darüber hinaus einen Alarm oder eine Benachrichtigung durch einen IT Service, ein Configuration Item oder ein Monitoring Tool. Bei Events müssen in der Regel die Mitarbeiter des IT-Betriebs aktiv werden, und häufig führen Events zur Erfassung von Incidents.

Event Management

[Event Management] - (Service Operation)
Der Prozess, der für die Verwaltung von Events während ihres Lebenszyklus verantwortlich ist. Das Event Management ist eine der wichtigsten Aktivitäten des IT Betriebs.

F

Fault Tree Analysis

(Fehlerbaumanalyse, FTA) [Fault Tree Analysis (FTA)] - (Service Design) (Continual Service Improvement)
Eine Technik, die zur Ermittlung der Kette von Events eingesetzt werden kann, die zu einem Problem führt. Die Fault Tree Analysis bildet eine Kette von Events anhand einer Boole'schen Notation in einem Diagramm ab.

Financial Management

[Financial Management] - (Service Strategy)
Die Funktionen und die Prozesse mit der Verantwortung für den Umgang mit den Anforderungen eines IT Service Providers an die Budgetierung, die Kostenrechnung und die Leistungsverrechnung.

Funktionale Eskalation

[Functional Escalation] - (Service Operation)
Weiterleiten eines Incident, Problems oder Change an ein technisches Team mit einem erweiterten Erfahrungsschatz, das Unterstützung bei einer Eskalation bieten soll.

H

Hierarchische Eskalation

[Hierarchic Escalation] - (Service Operation) Informieren oder Einbeziehen höherer Management-Ebenen zur Unterstützung bei einer Eskalation.

I

Incident

[Incident] - (Service Operation)
Eine nicht geplante Unterbrechung eines IT Service oder
eine Qualitätsminderung eines
IT Service. Auch ein Ausfall
eines Configuration Item ohne
bisherige Auswirkungen auf
einen Service ist ein Incident.
Beispiel: Ein Ausfall einer oder
mehrerer Festplatten in einer
gespiegelten Partition.

Incident Management

*[Incident Management] -
(Service Operation)*
Der Prozess, der für die Ver-
waltung des Lebenszyklus aller
Incidents verantwortlich ist.
Wichtigstes Ziel des Incident
Management ist eine schnell-
stmögliche Wiederherstellung
des IT Service für die
Anwender.

Incident Record

*[Incident Record] - (Service
Operation)*
Ein Record, der die Details zu
einem Incident enthält. Jeder
Incident Record dokumentiert
den Lebenszyklus eines einzelnen Incident.

Information Security Management

*(ISM) [Information Security
Management (ISM)] - (Service
Design)*
Der Prozess, bei dem die

Vertraulichkeit, Integrität und
Verfügbarkeit der Assets,
Informationen, Daten und IT
Services einer Organisation
sichergestellt werden. Das
Information Security Manage-
ment ist in der Regel Teil eines
organisatorischen Ansatzes für
das Security Management, der
über den Aufgabenbereich des
IT Service Providers hinaus-
geht, und berücksichtigt die
Verwaltung papierbasierter
Dokumente, Zutrittsrechte,
Telefonanrufe etc. für die
gesamte Organisation.

ISO/IEC 20000

[ISO/IEC 20000]
ISO Spezifikation und Code
of Practice für das IT Service
Management. ISO/IEC 20000
ist mit der ITIL Best Practice
abgestimmt.

ISO/IEC 27001

*[ISO/IEC 27001] - (Service De-
sign) (Continual Service Improve-
ment)*
ISO-Spezifikation für das
Information Security Manage-
ment. Der zugehörige Code of
Practice lautet ISO/IEC 17799.
Siehe Standard.

IT Service Continuity Management (ITSCM)

*[IT Service Continuity Manage-
ment (ITSCM)] - (Service Design)*
Der Prozess, der für die Verwaltung von Risiken verantwortlich ist, die zu schwerw-

iegenden Auswirkungen auf IT Services führen können. Das ITSCM stellt sicher, dass der IT Service Provider stets ein Mindestmaß an vereinbarten Service Levels bereitstellen kann, indem die Risiken auf ein akzeptables Maß reduziert werden und eine Wiederherstellungsplanung für IT Services erfolgt. Das ITSCM sollte so konzipiert sein, dass es das Business Continuity Management unterstützt.

IT Service Continuity Plan

[IT Service Continuity Plan] - (Service Design)
Ein Plan, der die erforderlichen Schritte für eine Wiederherstellung eines oder mehrerer IT Services definiert. Der Plan identifiziert darüber hinaus die Bedingungen für das Auslösen des Plans, die darin zu berücksichtigenden Mitarbeiter, Kommunikationsaspekte etc. IT Service Continuity Pläne sollten Teil eines Business Continuity Plans sein.

K

Kategorie

[Category]
Eine benannte Gruppe von Elementen mit bestimmten Gemeinsamkeiten. Kategorien werden bei einer Gruppierung ähnlicher Elemente eingesetzt. Ähnliche Kosten werden beispielsweise in Kostenarten

zusammengefasst. Ähnliche Typen von Incidents werden in Incident-Kategorien gruppiert; ähnliche Typen von Configuration Items werden als CI Typen gruppiert.

Key Performance Indicator (KPI)

[Key Performance Indicator (KPI)] - (Continual Service Improvement)
Eine Messgröße, die einen Prozess, einen IT Service oder eine Aktivität unterstützen soll. Es können Messungen anhand von zahlreichen Messgrößen erfolgen, es werden jedoch nur die wichtigsten dieser Größen als KPIs definiert und für eine aktive Verwaltung und Berichterstellung in Bezug auf den Prozess, den IT Service oder die Aktivität eingesetzt. Bei der Auswahl der KPIs sollte die Sicherstellung von Effizienz, Effektivität und Wirtschaftlichkeit berücksichtigt werden. Siehe Kritischer Erfolgsfaktor.

Klassifizierung

[Classification]
Zuordnung einer Kategorie zu einem Element. Die Klassifizierung soll eine konsistente Verwaltung und Berichterstellung sicherstellen. CIs, Incidents, Problems, Changes etc. werden in der Regel klassifiziert.

Knowledge Base

(Wissensdatenbank) [Knowledge

Base] - (Service Transition)
Eine logische Datenbank, die
die vom Service Knowledge
Management System verwen-
deten Daten enthält.

Knowledge Management
[Knowledge Management]
(Service Transition)
Der Prozess, der für die
Sammlung, die Analyse, das
Speichern und die gemein-
same Nutzung von Wissen und
Informationen innerhalb einer
Organisation verantwortlich
ist. Wichtigster Zweck des
Knowledge Management ist
eine gesteigerte Effizienz,
indem bereits vorhandenes
Wissen nicht erneut entwickelt
werden muss. Siehe Data-to-
Information-to-Knowledge- to-
Wisdom, Service Knowledge
Management System.

Known Error
[Known Error] - (Service Operation)
Ein Problem, für das die zugrunde liegende Ursache und
ein Workaround dokumentiert
wurden. Das Problem Management ist verantwortlich für die
Erstellung und Verwaltung von
bekannten Fehlern während
ihres gesamten Lebenszyklus.
Bekannte Fehler können auch
von der Entwicklung oder den
Suppliern identifiziert werden.

Kritischer Erfolgsfaktor
(Critical Success Factor, CSF)

[Critical Success Factor (CSF)]
Ein Bestandteil, das für einen
erfolgreichen Prozess, (ein
erfolgreiches) Projekt, Plan
oder IT Service erforderlich
ist. Um das Erreichen eines
CSF zu messen, werden KPIs
eingesetzt. Ein CSF in Bezug
auf den „Schutz von IT Services bei der Durchführung von
Changes" könnte von KPIs wie
„Verringerung des Anteils nicht
erfolgreicher Changes" und
„Verringerung der Changes, die
Incidents verursachen, in Prozent" etc. gemessen werden.

M

Management of Risk (MoR®)
[Management of Risk (MoR®)]
Die OGC Methodik zur
Verwaltung von Risiken. Das
MoR beinhaltet sämtliche
Aktivitäten, die erforderlich
sind, um potenzielle Risiken zu
identifizieren und zu steuern,
die sich auf die Erreichung der
Business-Ziele einer Organisa-
tion auswirken können.
Weitere Informationen dazu
finden Sie unter:
www.m-o-r. org

**Mean Time Between
Failures**
(Durchschnittliche Zeit zwischen
zwei Ausfällen, MTBF) [Mean
Time Between Failures (MTBF)]-
(Service Design)
Eine Messgröße, die für die
Messung und Berichte in Bezug

auf die Zuverlässigkeit eingesetzt wird. Die MTBF ist die
durchschnittliche Zeit, während
derer ein Configuration Item
oder IT Service mit der vereinbarten Funktionalität ohne
Unterbrechung betrieben oder
bereitgestellt werden kann.
Diese wird ab dem Zeitpunkt,
an dem der Betrieb des CI oder
des IT Service gestartet wird,
bis zu dem Zeitpunkt eines
Ausfalls gemessen.

Mean Time Between Service Incidents

*(Durchschnittliche Zeit
zwischen zwei Service-Incidents,
MTBSI) [Mean Time Between
Service Incidents (MTBSI)] -
(Service Design)*
Eine Messgröße, die für die
Messung und Berichte in
Bezug auf die Zuverlässigkeit
eingesetzt wird. Die MTBSI
ist die durchschnittliche Zeit
zwischen einem Ausfall eines
Systems oder IT Service bis
zum nächsten Ausfall.
MTBSI entspricht MTBF +
MTRS.

Mean Time To Repair

(Durchschnittliche
Zeit bis zur Reparatur,
MTTR) [Mean Time To Repair
(MTTR)]
Die durchschnittliche Zeit, die
für die Reparatur eines Configuration Item oder IT Service
nach einem Ausfall benötigt
wird. Die MTTR wird ab dem
Zeitpunkt des Ausfalls des CI
oder IT Service bis zur Fertig-
stellung der Reparatur gemessen. Die MTTR umfasst nicht
die Zeit, die zur Instandsetzung
oder Wiederherstellung selbst
erforderlich ist. Die MTTR
wird manchmal fälschlicherweise in der Bedeutung von
Mean Time to Restore Service
verwendet.

Mean Time to Restore Service

*(Durchschnittliche Zeit bis zur
Wiederherstellung des Service,
MTTRS) [Mean Time to Restore
Service (MTRS)]*
Die durchschnittliche Zeit,
die für die Wiederherstellung
eines Configuration Item oder
IT Service nach einem Aus-
fall benötigt wird. Die MTRS
wird ab dem Zeitpunkt des
Ausfalls des CI oder IT Service
bis zur vollständigen Wieder-
herstellung der normalen
Funktionalität gemessen. Siehe
Wartbarkeit, Mean Time to
Repair.

Modelling

(Modellierung) [Modelling]
Eine Technik, die zur Prog-
nostizierung von zukünftigem
Verhalten eines Systems, Prozesses, IT Service, Configuration Item etc. verwendet wird.
Das Modelling wird häufig im
Financial Management, Capacity Management und Availability Management eingesetzt.

O

Operational Level Agreement

(Vereinbarung auf Betriebsebene, OLA) [Operational Level Agreement (OLA)] - (Service Design) (Continual Service Improvement)
Eine Vereinbarung zwischen einem IT Service Provider und einem anderen Teil derselben Organisation. Ein OLA unterstützt die Bereitstellung von IT Services durch den IT Service Provider für den Kunden. Das OLA definiert die zu liefernden Waren oder Services und die Verantwortlichkeiten der beiden Parteien. Ein OLA könnte beispielsweise bestehen zwischen:
- dem IT Service Provider und einer Einkaufsabteilung, um Hardware innerhalb vereinbarter Zeitspannen zu erhalten
- dem Service Desk und einer Support-Gruppe, um eine Incident-Lösung innerhalb der vereinbarten Zeit zu erreichenSiehe Service Level Agreement

P

Plan-Do-Check-Act

(Planen-Durchführen- Überprüfen-Handeln) [Plan-Do-Check-Act] - (Continual Service Improvement)
Ein Zyklus in vier Phasen für das Prozessmanagement,

der auf Edward Deming zurückgeführt wird. „Plan-Do-Check-Act" wird auch als Qualitätszyklus nach Deming bezeichnet. PLAN (Planen): Design oder Überarbeitung von Prozessen, die die IT Services unterstützen DO (Durchführen): Implementierung des Plans und Verwaltung der Prozesse. CHECK (Überprüfen): Messung der Prozesse und IT Services, Vergleich mit den Zielen und Erstellung von Berichten ACT (Handeln): Planung und Implementierung von Changes, um die Prozesse zu verbessern

Post Implementation Review, PIR

[Post Implementation Review (PIR)]
Ein Review, der nach der Implementierung eines Change oder eines Projekts erfolgt. Ein PIR stellt fest, ob der Change oder das Projekt erfolgreich ist, und identifiziert Verbesserungsmöglichkeiten.

Priorität

[Priority] - (Service Transition) (Service Operation)
Eine Kategorie, die verwendet wird, um die relative Wichtigkeit eines Incident, Problem oder Change zu identifizieren. Die Priorität basiert auf der Auswirkung und Dringlichkeit und wird eingesetzt, um den erforderlichen Zeitbedarf für

die auszuführenden Aktionen zu ermitteln. Ein SLA kann beispielsweise angeben, dass Incidents der Priorität 2 innerhalb von 12 Stunden behoben werden müssen.

Proactive Problem Management

[Proactive Problem Management] - (Service Operation)
Teil des Problem Management Prozesses. Das Ziel des proaktiven Problem Management ist die Identifizierung von Problemen, die andernfalls übersehen werden könnten. Das proaktive Problem Management analysiert Incident Records und verwendet Daten, die von anderen IT Service Management Prozessen gesammelt werden, um Trends oder maßgebliche Probleme zu identifizieren.

Problem

[Problem] - (Service Operation)
Die Ursache für einen oder mehrere Incidents. Zum Zeitpunkt der Erstellung eines Problem Record ist die Ursache in der Regel unbekannt. Für die weitere Untersuchung ist der Problem Management Prozess verantwortlich.

Problem Management

[Problem Management] - (Service Operation)
Der Prozess, der für die Verwaltung des Lebenszyklus aller Probleme verantwortlich ist.

Wichtigstes Ziel des Problem Management ist es, Incidents zu verhindern bzw. die Auswirkungen von Incidents zu minimieren, die nicht verhindert werden können.

R

RACI

[RACI] - (Service Design)
(Continual Service Improvement)
Ein Modell, auf dessen Grundlage Rollen und Verantwortlichkeiten definiert werden. RACI steht für „Responsible" (zuständig für die Durchführung), „Accountable" (letztlich verantwortlich für die Aktivität), „Consulted" (muss/soll beteiligt werden, liefert Input) und „Informed" (muss über den Fortschritt informiert werden). Siehe Stakeholder.

Release

[Release] - (Service Transition)
Eine Zusammenstellung von Hardware, Software, Dokumentation, Prozessen oder anderen Komponenten, die für die Implementierung eines oder mehrerer genehmigter Changes an IT Services erforderlich sind. Die Inhalte jedes Releases werden als eine Einheit verwaltet, getestet und implementiert.

Release and Deployment Management

[Release and Deployment Man-

agement] (Service Transition)
Der Prozess, der sowohl für
das Release Management als
auch für das Deployment verantwortlich ist.

Release Management

*[Release Management] - (Service
Transition)*
Der Prozess, der für die Planung,
den zeitlichen Ablauf und die
Steuerung des Übergangs von
Releases in Test- und Live-
Umgebungen verantwortlich ist.
Das wichtigste Ziel des Release
Management ist es, sicherzu-
stellen, dass die Integrität der
Live-Umgebung aufrechterhalten
wird und dass die richtigen
Komponenten im Release
enthalten sind. Das Release
Management ist Teil des Release
and Deployment Management
Prozesses.

Release Unit

*[Release Unit] - (Service
Transition)*
Komponenten eines IT Service,
die üblicherweise im selben
Release veröffentlicht werden.
Eine Release Unit umfasst in
der Regel genügend Kom-
ponenten, um eine nützliche
Funktion auszuführen. Eine
Release Unit könnte z. B. ein
Desktop-PC mit Hardware,
Software, Lizenzen, Doku-
mentation usw. sein. Eine
weitere Release Unit könnte
die gesamte Anwendung für die
Lohnbuchhaltung sein, ein-

schließlich IT-Betriebsverfahren
und Anwendertrainings.

Request for Change (RFC)

*[Request for Change (RFC)] -
(Service Transition)*
Der formale Antrag zur Durchführung eines Change. Ein RFC
beinhaltet Details zum beantragten Change und kann auf
Papier oder elektronisch erfasst
werden. Der Begriff „RFC"
wird häufig fälschlicherweise
für einen Change Record oder
den Change selbst verwendet.

Request Fulfilment

*[Request Fulfilment] (Service
Operation)*
Der Prozess, der für das
Management des Lebenszyklus
aller Service Requests verant-
wortlich ist.

S

Service Capacity Management (SCM)

*[Service Capacity Management
(SCM)] - (Service Design) (Continual Service Improvement)*
Die Aktivität, mit deren Hilfe
Erkenntnisse zur Performance
und Kapazität von IT Services
gewonnen werden. Die
Ressourcen, die von jedem IT
Service verwendet werden,
sowie deren Verwendungs-
muster werden für die
Nutzung im Capacity-Plan über
einen bestimmten Zeitraum
erfasst, aufgezeichnet und ana-

lysiert. Siehe Business Capacity Management, Component Capacity Management.

Service Continuity Management
[Service Continuity Management] Synonym für IT Service Continuity Management.

Service Design Package
[Service Design Package] - (Service Design)
Dokumente, in denen alle Aspekte eines IT Service einschließlich dessen Anforderungen für jede Phase des Lebenszyklus des IT Service definiert sind. Ein Service Design Package wird für neue IT Services, umfassende Changes und die Außerkraftsetzung von IT Services erstellt.

Service Desk
[Service Desk] - (Service Operation)
Der Single Point of Contact für die Kommunikation zwischen Service Provider und Anwendern. Ein Service Desk bearbeitet in der Regel Incidents und Service Requests und ist für die Kommunikation mit den Anwendern zuständig.

Service Knowledge Management System (SKMS)
[Service Knowledge Management System (SKMS)] - (Service Transition)
Eine Sammlung von Hilfsmitteln und Datenbanken, die zur Verwaltung von Wissen und Informationen verwendet werden. Das SKMS umfasst das Configuration Management System sowie andere Hilfsmittel und Datenbanken. Das SKMS speichert, verwaltet, aktualisiert und präsentiert alle Informationen, die ein IT Service Provider zur Verwaltung des gesamten Lebenszyklus von IT Services benötigt.

Service Level Agreement
(Service Level Vereinbarung, SLA) [Service Level Agreement (SLA)] - (Service Design) (Continual Service Improvement)
Eine Vereinbarung zwischen einem IT Service Provider und einem Kunden. Das SLA beschreibt den jeweiligen IT Service, dokumentiert Service Level Ziele und legt die Verantwortlichkeiten des IT Service Providers und des Kunden fest. Ein einzelnes SLA kann mehrere IT Services oder mehrere Kunden abdecken. Siehe Operational Level Agreement.

Service Level Anforderung
(Service Level Requirement, SLR) [Service Level Requirement (SLR)] - (Service Design) (Continual Service Improvement)
Eine Kundenanforderung für einen Aspekt eines IT Service. SLRs basieren auf Business-Zielen und werden zur Aushandlung vereinbarter Service Level Ziele eingesetzt.

Service Level Management (SLM)

[Service Level Management (SLM)] - (Service Design) (Continual Service Improvement)
Der Prozess, der für das Verhandeln von Service Level Agreements sowie deren Einhaltung verantwortlich ist. Das SLM soll sicherstellen, dass alle IT Service Management Prozesse, Operational Level Agreements und Underpinning Contracts für die vereinbarten Service Level Ziele angemessen sind. SLM ist für das Monitoring und die Berichterstattung in Bezug auf Service Levels sowie für die regelmäßige Durchführung von Kunden-Reviews zuständig.

Service Portfolio Management (SPM)

[Service Portfolio Management (SPM) - (Service Strategy)
Der Prozess, der für das Management des Serviceportfolios verantwortlich ist. Beim Service Portfolio Management steht der Wert der Services im Vordergrund, den diese für das Business darstellen.

Service Request

(Serviceantrag) [Service Request] - (Service Operation)
Eine Anfrage eines Anwenders nach Informationen, Beratung, einem Standard-Change oder nach Zugriff auf einen IT Service. Dabei könnte es sich beispielsweise um das Zurücksetzen eines Passworts oder die Bereitstellung standardmäßiger IT Services für einen neuen Anwender handeln. Service Requests werden in der Regel von einem Service Desk bearbeitet und erfordern üblicherweise nicht die Einreichung eines RFC. Siehe Request Fulfilment.

Servicefähigkeit

(Serviceability) [Serviceability] - (Service Design) (Continual Service Improvement)
Die Fähigkeit eines Drittanbieters, die Bedingungen eines Vertrags einzuhalten. Dieser Vertrag umfasst den vereinbarten Umfang der Zuverlässigkeit, Wartbarkeit oder Verfügbarkeit für ein Configuration Item.

Servicekatalog

[Service Catalogue] - (Service Design)
Eine Datenbank oder ein strukturiertes Dokument mit Informationen zu allen Live IT Services, einschließlich der Services, die für das Deployment verfügbar sind. Der Servicekatalog ist der einzige Bestandteil des Serviceportfolios, der an die Kunden ausgehändigt wird. Er unterstützt den Vertrieb und die Bereitstellung von IT Services. Der Servicekatalog enthält Angaben zu Lieferergebnissen, Preisen, Bestellungen und Anfragen

sowie Kontaktinformationen.
Siehe Vertragsportfolio.

Serviceverbesserungsplan
[Service Improvement Plan (SIP)]
- (Continual Service Improvement)
Ein formeller Plan zur Implementierung von Verbesserungen für einen Prozess oder IT Service.

Single Point of Contact
[Single Point of Contact] -
(Service Operation)
Der Single Point of Contact dient als einzige, konsistente Schnittstelle für die Kommunikation mit einer Organisation oder einem Geschäftsbereich. Der Single Point of Contact eines IT Service Providers wird in der Regel als „Service Desk" bezeichnet.

Single Point of Failure (SPOF)
[Single Point of Failure (SPOF)] -
(Service Design)
Jedes Configuration Item, das durch einen Fehler einen Incident verursachen kann und für das noch keine Gegenmaßnahme implementiert wurde. Ein SPOF kann eine Person, ein Schritt in einem Prozess oder einer Aktivität oder eine Komponente der IT-Infrastruktur sein. Siehe Ausfall.

Standard-Change
[Standard Change] - (Service Transition)
Ein vorab genehmigter Change, der von geringem Risiko und relativ häufig eingesetzt wird und einem bestimmten Verfahren oder einer Arbeitsanweisung folgt. Zum Beispiel die Zurücksetzung eines Passworts oder die Bereitstellung der Grundausstattung für einen neuen Mitarbeiter. Für die Implementierung von Standard-Changes sind keine RFCs erforderlich. Sie werden über andere Mechanismen erfasst und verfolgt, wie z. B. über einen Service Request. Siehe Change-Modell.

U

Underpinning Contract
(Vertrag mit Drittparteien, UC)
[Underpinning Contract (UC)] -
(Service Design)
Ein Vertrag zwischen einem IT Service Provider und einer Drittpartei. Die Drittpartei stellt Waren oder Services zur Verfügung, die die Bereitstellung eines IT Service für einen Kunden unterstützen. Der Underpinning Contract definiert Ziele und Verantwortlichkeiten, um die in einem SLA vereinbarten Service Level Ziele zu erreichen.

V

Verfügbarkeit

[Availability] - (Service Design)
Fähigkeit eines Configuration Item oder IT Service, bei Bedarf die dafür vereinbarte Funktion auszuführen.
Die Verfügbarkeit wird durch Aspekte in Bezug auf Zuverlässigkeit, Wartbarkeit, Servicefähigkeit, Performance und Sicherheit bestimmt.
Die Verfügbarkeit wird in der Regel als Prozentwert ausgedrückt, der häufig basierend auf der vereinbarten Servicezeit und der Ausfallzeit berechnet wird. Gemäß der Best Practice wird die Verfügbarkeit mithilfe von Messgrößen aus dem Business-Ergebnis des IT Service berechnet.

Verifizierung und Audit

[Verification and Audit] - (Service Transition)
Die Aktivitäten, mit denen sichergestellt wird, dass die Informationen in der CMDB präzise sind und dass alle Configuration Items identifiziert und in der CMDB erfasst wurden. Die Verifizierung beinhaltet routinemäßige Prüfungen im Rahmen von anderen Prozessen. Zum Beispiel die Verifizierung der Seriennummer eines Desktop-PCs, wenn ein Anwender einen Incident meldet. Ein Audit ist eine periodisch durchgeführte, formale Prüfung.

Vertraulichkeit

[Confidentiality] - (Service Design)
Ein Sicherheitsprinzip, das fordert, dass ausschließlich autorisierte Personen auf Daten zugreifen können.

Vital Business Function

(Kritische Business- Funktion, VBF) [Vital Business Function (VBF)] - (Service Design)
Eine Funktion eines Geschäftsprozesses, die für den Erfolg des Business entscheidend ist. Vital Business Functions sind wichtige Faktoren, die beim Business Continuity Management, IT Service Continuity Management und Availability Management berücksichtigt werden müssen.

W

Warm Standby

[Warm Standby]
Synonym für zügige Wiederherstellung.

Wartbarkeit

(Maintainability) [Maintainability] - (Service Design)
Ein Maß dafür, wie schnell und effektiv der normale Betrieb für ein Configuration Item oder einen IT Service nach einem Ausfall wiederhergestellt werden kann. Die Wartbarkeit wird häufig als MTRS gemessen und berichtet. Der Begriff „Wartbarkeit" wird auch im

Zusammenhang mit der Entwicklung von Software oder IT Services verwendet, und bezeichnet dann die Fähigkeit, ob ein Change oder eine Reparatur einfach durchgeführt werden kann.

Wiederherstellen

[Restore] - (Service Operation)
Die Maßnahmen, mit denen ein IT Service den Anwendern im Anschluss an Reparatur und Instandsetzung nach einem Incident wieder zur Verfügung gestellt wird. Dies ist das wichtigste Ziel des Incident Management.

Workaround

(Umgehungslösung) [Workaround] - (Service Operation)
Die Reduzierung oder Beseitigung der Auswirkungen von Incidents oder Problems, für die noch keine vollständige Lösung verfügbar sind, z. B. durch den Neustart eines ausgefallenen Configuration Item. Workarounds für Problems werden in Known Error Records dokumentiert. Workarounds für Incidents, die nicht über zugeordnete Problem Records verfügen, werden in Incident Records dokumentiert.

Z

Zügige Wiederherstellung

[Intermediate Recovery] -

(Service Design)
Eine Wiederherstellungsoption, die auch als „Warm Standby" bezeichnet wird. Dabei erfolgt die Wiederherstellung des IT Service in einem Zeitraum zwischen 24 und 72 Stunden. Bei der zügigen Wiederherstellung werden in der Regel bewegliche oder feste Anlagen eingesetzt, die über Computersysteme und Netzwerkkomponenten verfügen. Im Rahmen des IT Service Continuity Plans müssen die Hardware und Software konfiguriert und Daten wiederhergestellt werden.

Zugrunde liegende Ursache

[Root Cause] - (Service Operation)
Die grundsätzliche oder ursprüngliche Ursache für einen Incident oder ein Problem.

Zuverlässigkeit

[Reliability] - (Service Design)
(Continual Service Improvement)
Ein Richtwert, der wiedergibt, wie lange ein Configuration Item oder IT Service seine vereinbarte Funktion ohne Unterbrechung ausführen kann. Wird in der Regel als MTBF oder MTBSI angegeben. Der Begriff „Zuverlässigkeit" bezeichnet auch die Wahrscheinlichkeit, dass Prozesse, Funktionen etc. den gewünschten Output erzielen. Siehe Verfügbarkeit.

13. KAPITEL

ABKÜRZUNGS-VERZEICHNIS

13. Abkürzungsverzeichnis der Service Management Fachbegriffe

ACD	Automatic Call Distribution (Automatische Anrufverteilung)
AM	Availability Management
AMIS	Availability Management Information System
ASP	Application Service Provider
BCM	Business Capacity Management
BCM	Business Continuity Management
BCP	Business Continuity Plan
BIA	Business Impact Analysis
BRM	Business Relationship Manager
BSI	British Standards Institution
BSM	Business Service Management
CAB	Change Advisory Board
CAB/EC	Change Advisory Board / Emergency Committee
CAPEX	Investitionsausgaben (Capital Expenditure)
CCM	Component Capacity Management
CFIA	Component Failure Impact Analysis (Analyse der Auswirkungen von Komponentenausfällen)
CI	Configuration Item (Konfigurtionselement)
CMDB	Configuration Management Database
CMIS	Capacity Management Information System
CMM	Capability Maturity Model
CMMI	Capability Maturity Model Integration
CMS	Configuration Management System
COTS	Commercial off the Shelf
CSF	Critical Success Factor (Kritischer Erfolgsfaktor)
CSI	Continual Service Improvement
CSIP	Continual Service Improvement Program
CSP	Core Service Package
CTI	Computer Telephony Integration
DIKW	Data-to-Information-to-Knowledge-to-Wisdom
eSCM-CL	eSourcing Capability Model for Client Organizations
eSCM-SP	eSourcing Capability Model for Service Providers

FMEA	Fehlermöglichkeiten- und Auswirkungsanalyse (Failure Modes and Effects Analysis)
FTA	Fault Tree Analysis (Fehlerbaumanalyse)
IRR	Interne Zinsfuß-Methode (Internal Rate of Return)
ISGIT	Steering Group
ISM	Information Security Management
ISMS	Information Security Management System
ISO	International Organization for Standardization
ISP	Internet Service Provider
IT	Informationstechnologie
ITSCM	IT Service Continuity Management
ITSM	IT Service Management
itSMF	IT Service Management Forum
IVR	Interaktive Spracherkennung (Interactive Voice Response)
KEDB	Known Error Database
KPI	Key Performance Indicator
LOS	Servicelinie (Line of Service)
MoR	Management of Risk
MTBF	Mean Time Between Failures (Durchschnittliche Zeit zwischen zwei Ausfällen)
MTBSI	Mean Time Between Service Incidents (Durchschnittliche Zeit zwischen zwei Service-Incidents)
MTRS	Mean Time to Restore Service (Durchschnittliche Zeit bis zur Wiederherstellung des Service)
MTTR	Mean Time to Repair (Durchschnittliche Zeit bis zur Reparatur)
NPV	Barwert-Methode (Net Present Value)
OGC	Office of Government Commerce
OLA	Operational Level Agreement (Vereinbarung auf Betriebsebene)
OPEX	Betriebsausgaben (Operational Expenditure)
OPSI	Office of Public Sector Information
PBA	Business-Aktivitätsmuster (Pattern of Business Activity)
PFS	Voraussetzung für den Erfolg (Prerequisite for Success)

PIR	Review nach der Implementierung (Post Implementation Review)
PSA	Projected Service Availability (Voraussichtliche Serviceverfügbarkeit)
QA	Qualitätssicherung (Quality Assurance)
QMS	Quality Management System
RCA	Analyse der zugrunde liegenden Ursache (Root Cause Analysis)
RFC	Request for Change
ROI	Return on Investment (Investitionsertrag)
RPO	Tolerierter Datenverlust aufgrund von Ausfällen (Recovery Point Objective)
RTO	Maximale Wiederherstellungszeit nach einem Ausfall (Recovery Time Objective)
SAC	Serviceabnahmekriterien (Service Acceptance Criteria)
SACM	Service Asset and Configuration Management
SCD	Supplier- und Vertragsdatenbank (Supplier and Contract Database)
SCM	Service Capacity Management
SFA	Serviceausfallanalyse (Service Failure Analysis)
SIP	Serviceverbesserungsplan (Service Improvement Plan)
SKMS	Service Knowledge Management System
SLA	Service Level Agreement
SLM	Service Level Management
SLP	Service Level Package
SLR	Service Level Anforderung (Service Level Requirement)
SMO	Servicewartungsvorgabe (Service Maintenance Objective)
SoC	Separation of Concerns
SOP	Standard Operating Procedures (Standardbetriebsabläufe)
SOR	Statement of Requirements (Anforderungserklärung)
SPI	Service Provider Schnittstelle (Service Provider Interface)

SPM	Service Portfolio Management
SPO	Optimierung der Servicebereitstellung (Service Provisioning Optimization)
SPOF	Single Point of Failure
TCO	Total Cost of Ownership
TCU	Total Cost of Utilization
TO	Technical Observation (Technische Überwachung)
TOR	Terms of Reference (Aufgabenstellung)
TQM	Total Quality Management
UC	Underpinning Contract (Vertrag mit Drittparteien)
UP	Anwenderprofil (User Profile)
VBF	Vital Business Function (Kritischer Fachbereich)
VOI	Value on Investment (Investitionswert)
WIP	In Arbeit (Work in Progress)

14. KAPITEL

LITERATUR-VERZEICHNIS

14. Literaturverzeichnis

The Official Introduction to ITIL Service Lifecycle
ISBN-No. 9780113310616

Service Strategy.
ISBN-No. 9780113310456

Service Design.
ISBN-No. 9780113310470

Service Transition.
ISBN-No. 9780113310487

Service Operation.
ISBN-No. 9780113310463

Continual Service Improvement.
ISBN-No.9780113310494

Frameworks für das IT Management.
ISBN-No. 9789087530860

PRINCE2 - Erfolgreiche Projekte managen mit PRINCE2
ISBN-No. 9780113312146

ISO/IEC 20000 - Eine Einführung
ISBN-No. 9789087532888

Management of Risk: Guidance for Practitioners
ISBN-No. 9780113310388

IT Governance basierend auf COBIT
ISBN-No. 9789077212417

For Successful Risk Management: Think M_o_R
ISBN 9780113310647

Managing Successful Programmes Book
ISBN 9780113310401

44x MANAGEMENT WISSEN

WISSEN

ITIL®-KOMPAKT

die App

ITIL ist zur Chefsache geworden. Die App präsentiert nützliche Aspekte für das Business. Kurzinformationen zu ITIL – informativ, kompakt und ohne Fachchinesisch.

Available on the App Store

15. KAPITEL

INTERESSANTE WEBLINKS

15. Interessante Weblinks

SERVIEW GmbH
www.serview.de

Deutschsprachiges Forum für Best Management Practice
www.serview-institute.de

Deutschsprachiger Kongress für Best Management Practice
www.svi-kongress.de

Gütesiegel für ITIL konforme Tools
www.certifiedtool.de

Official ITIL site (engl.)
www.itil-officialsite.com

Official PRINCE2 site (engl.)
www.prince-officialsite.com

Official MOR site (engl.)
www.mor-officialsite.com

Official MSP site (engl.)
www.msp-officialsite.com

Official P3O site (engl.)
www.p3o-officialsite.com

APMG Deutschland
www.apmg-international.com/apmg-deutschland/

Ausbildungswege zum ITIL Expert
www.itilexpert.de

ITIL Routenplaner
www.itilroutenplaner.de

ITSM Hochschulprogramm
www.serview-impulse.com

ITSM News
www.itil-blog.de

ITSM Büchershop
www.shop.serview.de

Licensed Product

COPYRIGHT & EINGETRAGENE WARENZEICHEN